KB061473

가장 먼저 증명한 것들의 과학

가장 먼저 증명한 것들의 과학

어느 호기심 많은 인간의 생각이 노벨상을 타기까지

초판 1쇄 인쇄 2018년 9월 7일 초판 1쇄 발행 2018년 9월 14일

지은이 김홍표
펴낸이 연준혁

출판 2본부 이사 이진영
출판 2분사 분사장 박경순
책임편집 박지혜
디자인 this-cover.com

펴낸곳 (주)위즈덤하우스 미디어그룹 **출판등록** 2000년 5월 23일 제13-1071호
주소 경기도 고양시 일산동구 정발산로 43-20 센트럴프라자 6층
전화 031)936-4000 **팩스** 031)903-3893 **홈페이지** www.wisdomhouse.co.kr

값 16,000원 ISBN 979-11-6220-880-9 03400

국립중앙도서관 출판예정도서목록(CIP)

(어느 호기심 많은 인간의 생각이 노벨상을 타기까지) 가장 먼저 증명한 것들의 과학 / 지은이: 김홍표. -- 고양 : 위즈덤하우스 미디어그룹, 2018
p. ; cm

ISBN 979-11-6220-880-9 03400 : ₩16000

과학사(역사)[科學史]

409-KDC6
508-DDC23 CIP2018027675

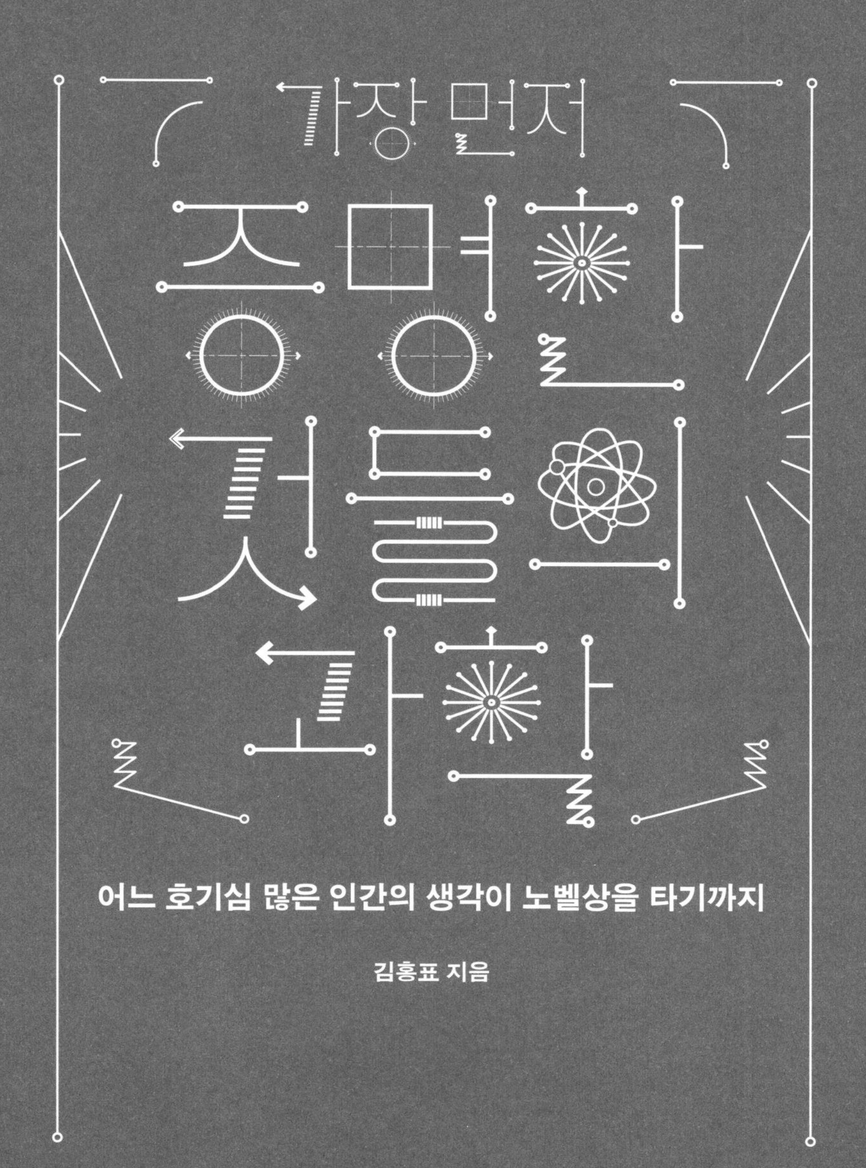

어느 호기심 많은 인간의 생각이 노벨상을 타기까지

김홍표 지음

위즈덤하우스

들어가며

실패할지라도 언제든 아름다울 수밖에 없는 생각

캐나다 퀘벡 주의 한 10학년 학생이 별자리를 이용해 마야 문명의 잃어버린 도시를 발견했다고 해서 화제가 된 적이 있었다. 2016년 봄의 일이다. 캐나다 10학년을 우리 식으로 치면 고등학교 1학년이다. 마야 문명에 푹 빠져 있던 아직 솜털이 가시지 않는 앳된 소년이 인터넷과 책을 통해 얻은 지식을 상상력과 버무려서 고대 마야 도시를 예견했다는 것이 이 뉴스의 핵심이다. 마야인들은 하늘의 별자리에 상응하는 장소에 도시를 건설했기 때문에, 특정 별자리에 해당하는 멕시코 유카탄 반도를 찾아보면 아직 찾지 못한 도시의 유적을 발견할 수 있으리라는 가설이었다.

이 뉴스에 대한 사람들의 반응은 다양했다. 한 고천문학자는 마야인과 현대인의 지도에 대한 척도가 같지 않기 때문에 소년의 예견이 틀릴 수도 있겠지만 창의성은 높이 사줄 만하다고 말했다. 멕시코 천문학자나 과학자들은 짐짓 '소년의 가설이 (이론으로서 갖추어야 할) 적절한 진지함이 부족하다'고 거리를 두면서 이 뉴스가 자신들의 입지를 손상시킬까 우려하는 듯한 인상을 주었다. 한국의 독자들은 '아시아의 어떤 국가였다면'으로 시작하는 말들을 쏟아냈다. 표준화된 교과서와 입시를 목표로 하는 획일화된 교육을 지적하는 내용이 대부분을 차지했다. 한국에서라면 '아마도' 가능하지 않았으리라는 얘기가 대세였다. 거의 모두가 집단적 피학 증세를 보이는 것처럼 즉자적으로 응대했다.

나는 소년의 아이디어가 손상되지 않은 채 어떤 식으로든 검증의 절차를 겪고 고스란히 살아남았다는 사실에 적잖이 안도했다. 소년은 맥길 대학교에서 열리는 캐나다 과학 대회에 초청을 받았고 브라질에서 열리는 국제고고학회에서도 연구 결과를 발표할 것이라고 했다. 우리의 통념으로 보았을 때 대단한 사건이 아닐 수 없다.

이 책은 노벨상에 관한 이야기를 다룬다. 그러므로 과학적 지식이 포함되는 것은 불가피하겠지만 그 비중을 최대한 줄이고 과학적 방법론 얘기를 해보려고 한다. 물론 패러다임의 전환이나 칼 포퍼(Karl Popper, 1902~1994)의 과학 철학처럼 거창한 얘기가 등장하지는 않을 것이다. 필자가 잘 모르기 때문이라는 게 주요한 이유가 되겠지만 대신 노벨상을 받은 몇 과학자의 행적을 살펴보면서 그들이 어떻게 자연계 혹은 생물계를 관통하는 일반적 법칙에 도달하게 되었는지 곰곰이 따져볼 요량이다.

헝가리의 과학자 알베르트 센트죄르지(Albert Szent-Györgyi, 1893~1986)는 '생명이란 쉴 곳을 찾는 전자일 뿐'이라고 말했다. '생명이란 쉴 곳을 찾는 전자'라는 말은 무엇을 의미할까? 세포 수준 혹은 유기체 단위의 생물학에서는 빌딩 블록이라 부르는 몇 종류의 층위를 구분한다. 물론 그보다 하위 수준에서 분자 혹은 원자를 다루기도 한다. 비유를 들어 세포 수준에서 인간을 구성해보자. 인간은 얼추 200종류의 블록을 37조 개 사용해서 만든 레고 인형과 같다. 그중 크기가 작고 둥글며 붉은 빛을 띠는 한 종류의 레고 블록 수가 가장 많은데, 이 블록이 37조 개 전체의 절반 이상을 차지한다. 우리는 그 블록을 적혈구라고 부른다. 모든 블록의 수가 37조 개니 46조 개니 하는 숫자는 여기서 큰 의미를 띠지는 않을 것 같다. 여기서는 세포가 생명체를 이루는 기본 단위라는 것을 아는 것으로 족하다. 세포는 대를 이어 존속할 것이기 때문에 그 세포를 이루는 하위 층위도 지속적으로 재건설해야 한다. 흔히 우리가 얘기하는 유전자, 단백질, 지질막 등은 계속해서 새롭게 만들어져야 한다는 뜻이다. 이러한 세포의 주요한 빌딩 블록을 우리는 흔히 생명을 구성하는 분자라고 말한다.

수업시간에 우리 몸을 구성하는 원자 중 가장 풍부한 것이 무엇인가 하는 질문을 던진 적이 있었다. 생각보다 많은 학생들이 '물'이라고 대답했다. 어찌 보면 틀린 말 같지는 않다. 인간 체중의 60퍼센트에 이를 정도로 물이 풍부하기 때문이다. 그러나 틀렸다. 질문은 물질의 층위에 관한 것이기 때문에 물이라는 '분자'가 아니라 원자를 답해야 하는 것이다. 그러므로 답은 수소이다. 층위에 따라 물질의 성질이 달라진다는 얘기는 나중에 좀 더 하겠지만 하여간 온 우주를 통틀어 원자는 그 종류가 150개도 못 된다. 2016년에 113번째 원소가 나라 이름을 딴 니호니움nihonium이라고 붙여져서 일본이 떠들썩했다는 뉴스도 있었다. 원자를 더 쪼개면 보다 더 작은 단위인 전자, 양성자 및 중성자가 나온다. 물리학자가 아니라면 여기까지의 내용도 이해하기 만만치 않을 것이다. 더 깊은 얘기는 언급하지 않겠다는 말이다. 전자를 모른다고 해서 살아가는 데 아무런 지장이 없음은 두말할 나위도 없다.

그렇지만 다시 알베르트의 선언으로 돌아가보자. '생명이란 쉴 곳을 찾는 전자일 뿐'이다. 문장 구조를 보면 생명은 곧 전자이고 그 전자는 쉴 곳을 원한다. 앞에서 간략히 얘기한 물질의 층위를 생각하면 생명은 도저히 전자가 될 수는 없다. 러시아의 인형 마트료쉬카처럼 기본 구성단위를 찾아가는 방식으로 계속 하위 층위로 내려간다고 하면 생명-세포-분자-원자-전자 정도가 될 것이다. 그러므로 생명에서 전자에 이르기까지는 최소한 네 가지의 다른 층위를 넘어가야 한다. 소위 생물학의 대가라는 사람이 저런 논리적 비약을 감행한 이유는 무엇일까?

이쯤해서 에너지 문제가 고개를 비집고 등장한다. 생명은 에너지의 흐름에 전적으로 몸을 맡기고 있기 때문이다. 그리고 그 에너지 흐름의 중심에 원자가 있다. 원자에서 나와야 될 운명에 처한 전자는 언제든 그것이 머무를 종착점이 있어야 한다. 화학자들이 산화환원 반응이라고 부르는 과정이다. 비약이 좀 있기는 하지만 눈에 보이는 대부분의 생명체에서 산화환원 반응의 최종 종착점은 산소이다. 다시 말하면 전자는 산소와 결합하고 양성자를 이웃 삼아 물로 변한 연후에야 비로소 쉴 곳에 정착한다. 생명은 태양에서 시작한 에너지의 흐름을 최종적으로 물에 투영하면서 그 와중에 자신을 유지하는 에너지를 얻는다. 전자와 양성자가 그 흐름을 매개하는 주인공들이다.

지금까지 설명한 얘기에 등장하는 노벨상 수상자는 몇 명이나 될까? 솔직히 말하면 나도 답을 모른다. 그렇지만 여기에 참여하는 생물학적 과정은 광합성, 발효, 산화적 인산화가 포함된다. 식물의 전매특허인 광합성은 인간의 눈에 보이는 대부분의 생명체를 먹여 살린다. 발효는 효모의 특기라고 말하지만 필요하면 암세포조차도 발효를 이용해 빠른 속도로 에너지를 얻는다. ATP 형태로 에너지를 회수하는 산화적 인산화는 산소가 필요한 무척 효율적인 과정으로 알려졌다. 이러한 생물학적 과정에 참여하는 주요한 물질로는 포도당, ATP가 먼저 떠오르지만 비타민도 한몫 차지한다. 생체 내 아주 적은 양이 존재하지만 비타민은 절대 없어서는 안 될 물질이다. 망망대해를 항해하다가 괴혈병으로 죽은 선원들은 모두 비타민 C 결핍 증상을 보였다. 19세기 후반에서 20세기 초에 이르는 시기는 이른바 세균의 시대였다. 에드워드 제너(Edward Jenner, 1749~1823)가 천연두 백신을 접종한 때는 1798년이었다. 그 뒤로 '세균학의 아버지'로 불리는 로베르트 코흐(Robert Koch, 1843~1910)는 탄저균(1877년), 결핵균(1882년), 콜레라균(1885년) 등을 연거푸 발견했다. 결핵균의 발견을 인정받아 1905년 코흐는 노벨 생리학 · 의학상을 수상했다. 동시대인이지만 코흐와는 앙숙이었던 루이스 파스퇴르(Louis Pasteur, 1822~1895)도 콜레라 백신 개발에 뛰어들었다. 어쨌든 '면역학의 아버지'로 불리는 파스퇴르와 함께 코흐는 질병의 세균설을 확립하기에 이르렀다. 세균 때문에 질병이 생긴다는 말은 다시 말하면 세균을 퇴치할 수 있다면 질병도 치유할 수 있게 된다는 말과 같다. 이런 가설이 득세하던 시기에 비타민 연구가 틈을 비집고 들어가야 했다. 그런 상황을 고려한다면 비타민 연구자들은 당시를 지배하던 질병의 패러다임과도 맞서 싸워야 했을 것이다. 세균 말고도 다른 어떤 물질 때문에 질병이 생겨났다는 것을 증명하기 위해서는 세균이 관여하지 않는다는 사실도 동시에 증명해야만 했다. 결과론적으로 살펴보면 지구상의 많은 생명을 구한 과학적 업적에 비타민 연구가 빠진 적은 없다. 비록 비타민의 명확한 존재는 몰랐을지언정, 이들의 적정량을 보충해줌으로써 먼 거리를 다니는 뱃사람들, 쌀과 옥수수를 주식으로 하는 상당한 수의 지구인들이 목숨을 지킬 수 있었다. 비타민 B나 C가 밝혀진 것도 대부분 20세기 초이다. 그때 한국에서는 무슨 일이 있었던가?

1899년 태어나 경성의학 전문학교에서 의학을 전공하던 이의경(1899~1950)은 3·1 운동에 가담하게 되고 일본 경찰을 피해 상해를 거쳐 독일 유학길에 오른다. 독일에서 이의경은 동물학으로 전공을 바꿔 1928년 뮌헨 대학교에서 박사 학위를 받았다. 논문의 제목은 〈비정상적인 조건에서 플라나리아 재생에 관한 연구〉였다. 박사 학위는 받았지만 그는 식민지 조선으로 돌아오지 못했다. 대신 이름을 이미륵으로 바꾸고《압록강은 흐른다》라는 제목의 자전적 소설을 썼다. 플라나리아는 자신을 이루는 세포 하나로 다시 원래의 생명체를 재생할 수 있는 줄기 세포 연구의 상징적 존재이다. 그렇지만 그는 플라나리아에 관해 단 하나의 논문도 완성하지 못했다. 왜 그랬을까? 답은 이의경 본인만이 알겠지만 그는 동물학 연구를 더 이상 할 수 없었을 것이다. 조국으로 돌아갈 수 없다면 박사 학위는 한낱 종잇조각에 불과했을 것이다. 당시 그는 글을 써서 한국을 알리는 일에 몰두했다. 다시 말하면 당시 이미륵은 생물학 연구에 '몰입'할 수 없었다. 과학에는 국경이 없지만 과학자에게는 국가가 있다는 말이 수긍이 가는 대목이다. 국내로 돌아와 활동한 사람이 없는 것은 아니다. 〈독립신문〉을 창간한 서재필(1864~1951)은 의학을 전공했다. 물론 미국에서다. 그는 〈독립신문〉 한 귀퉁이를 할애해서 손을 씻고 물을 끓여 먹어야 한다는 투의 계몽 운동을 펼쳤다. 신문 글줄이나 읽던 소수의 지식인들이 신학문이라고 '박테리아'를 모더니즘적 술안주로 권하기도 했던 시절이었다. 내가 보기에 여력이 있어서 외국 유학을 했던 많은 우리 조상들은 의학이나 농학과 같은 보다 기술적인 분야에 치중했다. 어쩔 수 없었을 것이다. 1970년대가 되어서도 "우리도 한번 잘 살아보세" 외쳤으니 정치·경제적 상황의 열악함은 지금의 젊은이들이 상상하기 어려울지도 모른다. 20세기 초반 평북 정주 오산학교를 다녔거나 그 학교를 스쳐 지나간 사람들은 시를 썼거나 독립 운동에 나섰다. 우리 뇌리에 선명히 각인된 이광수, 김소월, 백석, 조만식, 홍명희, 이중섭, 함석헌, 백인제 등이 그런 사람들이다.

한국에서 전쟁이 벌어졌던 1950년대 영국 케임브리지 대학교 캐번디시 연구소의 젊은 과학자 왓슨(James Watson, 1928~)과 크릭(Francis Harry Compton Crick, 1916~2004), 윌킨스(Maurice Wilkins, 1916~2004)는 DNA의 나선 구조를 밝히기 위해 토론을 거듭하고 모형을 세웠다. 물론 이들이 로잘린드 프랭클린(Rosalind Franklin, 1920~1958)의 데이터를 몰래 해독한 사실이 밝혀지기는 했지만 그들이 프랭클린의 데이터를 연역적으로 해석하고 창의적인 사고 과정을 거쳐 유전 정보의 구조적 본성을 처음으로 밝혔다는 역사적 의미가 훼손되는 것은 아니다.

각국의 역사적이고 문화적인 배경을 비교함으로써 그 차이를 노벨상 수상과 연결하는 시도는 항상 본디 목표와는 다른 감상적이거나 피학적인 결론에 도달하기 쉽다. 근거 없는 희망적인 낙관에 미래를 걸 수는 없는 일이다. 그러므로 문제는 노벨상 수상이 아니다. 《세계철학사》(녹두 편집부, 1985)라는 책을 읽고 난 뒤 지금껏 내 머릿속에 남은 글귀 하나는 '양질 전화'이다. 세숫대야의 물은 발목을 찰랑이지만 바닷물은 쓰나미를 일으킬 수 있는 것이다. 과학의 적용은 실용적 의미에서 매우 중요한 것이지만 과학적 사실은 한동안 축적되어야 한다. 지식의 폭이 넓어질수록 사고력을 적용할 수 있는 범위가 확장되기 때문이다. 빌려줄 어깨를 가진 거인이 등장했다면 이제는 질적 도약을 감행할 '초인'이 나타나길 기다리면 된다.

따라서 우리가 칭찬해야 할 것은 승리가 아니다. 센트죄르지가 말했듯이 모두가 한 곳을 보고 있지만 아무도 생각하지 않는 곳에서 위대한 과학적 발견이 이루어진다. 하지만 한 곳을 보는 사람이 많아질수록 과학과 기술의 양적 축적이 이루어진다. 다른 '생각'이 필요한 순간이다. 그러므로 위험을 무릅써 양질 전화를 향한 도약을 감행하는 행위는 실패할지라도 언제든 아름답다.

차례

제0장

과학은 동사다

: 준비된 자에게 우연은 더 이상 우연이 아니다

2010년 미국에서 돌아올 때 내가 일하던 병원에서 기념액자를 하나 만들어주었다. 거기에는 내가 재직했던 시기와 역할이 적혀 있었다. '생물학자'라는 표기에 나는 빙긋 웃음을 웃었다. 세포 생물학을 공부하고 연구하긴 했지만 나 스스로 생물학자라고 여긴 적이 한 번도 없었다는 생각은 나중에 들었다. 문서를 작성한 비서진이나 사인한 사람 모두 내가 그저 일개 생물학자라는 데 별 이견이 없었나보다.

우리는 물리학을 공부하면 물리학자, 별이나 천체를 보고 있으면 천문학자라고 칭한다. 과학으로 통칭되는 개별 학문 분야는 무척이나 많다. 그렇다면 과학이란 무엇일까? 지식을 의미하는 라틴어인 scientia에서 과학이라는 말이 유래했다고 한다. 그 기원을 따지면 과학은 명사여야 맞다. 그러나 과학자가 일하는 방식을 보면 과학은 오히려 '동사'에 가깝다. 어떤 방법론에 입각해서 추론하고 증명하는 일을 하기 때문이다.

소설가이기도 했지만 언론인으로서 많은 글을 남긴 조지 오웰의 얘기로부터 과학이 어떤 것인지 생각해보자. 조지 오웰(George Orwell, 1903~1950)의 본명은 에릭 아서 블레어(Eric Arthur Blair)이다. 스페인 내전과 2차 세계대전을 겪고 한국에도 유명한《동물농장Animal Farm》과《1984》라는 체제 비판적이고 디스토피아적 소설을 쓴 작가이다. 디스토피아는 유토피아에 대립되는 용어이다. 비관적 시각으로 미래 사회의 어두운 측면을 파악했다고나 할까? 그러나 그의 글은 명쾌하고 논리적이다.

문학평론가 신영철이 '삶 앞에서 징징대지 않는다고' 해서 도대체 뭘 보고 저런 말을 했을까 하고 새삼스레 찾아 읽었던 잭 런던(Jack London, 1876~1916)의 단편 소설도 꽤나 사회비판적이고 디스토피아적이다. 러일전쟁의 종군 기자로 한국을 방문하기도 한 잭 런던은 꼬박 40년을 숨 가쁘게 살았다. 어려서 그의 책《강철 군화The Iron Heel》를 읽고 나는 막연히 그가 영국 사람이라고 생각했다. 하지만 그는 미국인 소설가이다. 엽록체를 분리하고 식물의 광합성을 연구했던 홉킨스 사단의 폴란드 과학자인 다니엘 아논(Daniel Arnon, 1910~1994)은 잭 런던의 영향을 받았다고 한다. 이들 두 소설가의 특징은 소위 '밑바닥' 경험을 바탕으로 '가난한 사람들이 사는 세계'를 파고들었다는 점이다. 그들은 할 말은 하고 살았던 사람들이었다.

조지 오웰을 새삼스레 다시 만나게 된 것은 서점에서 그의 에세이집《나는 왜 쓰는가A Collection of Essays》를 만났기 때문이다. 시원한 바람이 깃드는 바닷가 근처일 것만 같은 카페 나무 의자에 앉아 담배를 물고 글을 쓰는 그의 모습이 표지로 장식된 책이다. 자전적 에세이집이니까 잡다한 글이 수록되어 있지만 그중 나는 〈과학이란 무엇인가〉를 중심으로 잠깐 얘기를 해보려 한다. 1945년 〈트리뷴〉이라는 잡지에 '의심도 비판도 할 줄 모르는' 당대 주류 과학계를 비판하는 논조로 실은 글이다. 오웰의 생각을 따라가보자.

> 과학이란 대체로 ①화학이나 물리학 같은 정밀과학 혹은 ②관찰한 사실을 논리적으로 따짐으로써 참된 결론에 이르는 사고방식으로 간주한다.

'수동태는 쓰지 않는다'는 오웰의 권고를* 따라 문장을 약간 고쳤

* 오웰의 글쓰기 원칙 몇 가지 중 하나이다. 기억나는 대로 말하면 ① 익히 봐왔던 비유는 절대 쓰지 않는다 ② 짧은 단어를 쓸 수 있을 때 절대 긴 단어를 쓰지 않는다 ③ 빼도 지장이 없을 때는 반드시 뺀다 ④ 수동태를 쓰지 않는다 등이다.

지만 원문을 거의 그대로 가져왔다. 오웰은 교육을 받은 사람들 대부분이 ②에 근접한 대답을 할 것이라고 말한다. 그러면서 그는 '자라나는 세대에게 과학 교육을 더 시켜야 한다고 말하는 사람들은 거의 예외 없이, 더 정확히 생각하는 법보다는 방사능이나 천체나 자기 몸의 생리에 대해 더 가르쳐야 한다고 주장'한다고 성토한다.

그러니까 1945년 당시 흐름은 영국의 학생들이 시험관이나 저울, 분석 기계 혹은 현미경을 연상케 하는 정밀과학을 열심히 가르쳐야 한다는 것이었다. 그러면서 마치 한 분야의 실험 과학에 종사하는 과학자들이 ②처럼 자신들 스스로가 과학적 세계관으로 무장하고 '비과학적 문제에 대해 남들보다 객관적으로 접근할 가능성이 높다'는 자기 최면을 걸고 있다면서 독일의 예를 든다. "독일의 과학계 전반은 히틀러에게 아무런 저항도 하지 않았다."

그렇다고 해서 오웰이 ①의 과학 교육을 부정하는 것은 아니다. 다만 "대중에 대한 과학 교육이 결국 문학이나 역사를 희생해가며 물리학, 화학, 생물학 등등을 더 가르치는 것이 될 경우, 별 도움이 되지 않으며 아주 해로울 수도 있다는 것이다"라고 담담히 말한다. 결국 중요한 것은 사고의 폭이지 '지식'은 아닌 것이다. "그것은 어떤 '방식', 즉 부닥치는 어떤 문제에도 적용할 수 있는 방식을 습득하는 것이어야지, 사실을 잔뜩 축적하는 것이기만 해서는 안 된다"라고.

나는 조지 오웰의 말에 동의하는 편이다. 사실 과학적 방법은 종교적 신념과 구분되며 세계 혹은 존재를 향한 이해의 폭을 넓히는 과정을 서술한다. 그렇기에 과학은 명사라기보다는 동사에 가깝다. '관찰하고 합리적으로 추론하고 실험하는' 것이 과학의 본질에 가깝다는 말이다.

백과사전을 보면 '사물의 구조, 성질, 법칙 등을 관찰 가능한 방법으로 얻은 체계적·이론적인 지식의 체계'를 말한다. 자연계에 대한 지식이 곧 과학이 되는 것이다. 나는 이들이 과학이라고 칭하는 것은 당대 과학의 결과물 혹은 성과라고 얘기하고 싶다. 그런 의미에서 과학은 동사에 더 가깝다.

굿이어의 탄성 고무

사실 과학을 특징짓는 단어는 관찰, 생각 그리고 비슷한 의미이기는 하지만 몰두이다. 몰두하다 보면 외견상 서로 관련이 전혀 없어 보이는 사건에서 의외의 연관성을 찾아내기도 한다. 굿이어는 미국의 대표적인 타이어 회사이다. 그 회사를 창립한 사람이 바로 굿이어(Charles Goodyear, 1800~1860)이다. 그가 한 말이다.

"탄력성이 높은 고무를 만든다는 목표를 달성하려고 몰두하는 중이었기에 이 사실과 조금이라도 관계 있는 것이면 어떤 것이든

나의 주의를 벗어날 수 없었다. '뉴턴의' 사과 낙하와 마찬가지로 자기의 연구 목표 달성에 소용이 될 어떤 사건에서도 추론을 꺼낼 준비가 되어 있는 사람은 그 어떤 것도 허투루 지나치지 않는다. 그러한 과학자(발명자)는 자신의 발견이 과학적 수순을 거친 연구의 결과가 아닌 것을 마지못해 수긍하면서도 그것을 보통 '우연'이 낳은 결과라고 인정하길 꺼리면서 대개 이렇게 말한다. "논리적인 추리 과정을 거쳐 획득한 결과라고."

실험에 몰두해본 사람이라면 저런 종류의 무릎을 탁 치는 경험을 해보았을 것이다. 굿이어는 황과 고무를 섞어 녹이면서 친구와 활발한 논쟁을 펼치던 중이었다. 미국인 특유의 몸짓을 하다 그만 손으로 실험중이던 냄비를 뒤집어버렸다. 고무를 녹이던 냄비 안의 내용물이 붉게 단 난로 위로 떨어진 것은 당연한 일이었다. 고무의 탄력성을 증가시켰던 가황법은 이런 '우연'에 의해 세상에 모습을 드러냈다. 준비된 사람에게 우연은 더 이상 우연이 아니다.

굳이 과학자가 아니라도 일상에서 이런 경험은 무수히 반복된다. 쉬운 예를 들어보자. 가령 도시락을 들고 소풍을 갔는데 젓가락을 잊었다고 치자. 그러면 대부분의 사람들은 주위를 둘러보고 젓가락으로 쓸 만한 뭔가가 있는지 찾아 나설 것이다. 아마 눈에 보이는 모든 물체가 젓가락으로서 사용가치를 지니는지를 확인받기 위해 뇌 커넥톰 주변을 서성일 것이다. 여름이면 녹고 겨울이면 굳어

버리는 고무의 문제를 해결하려는 굿이어의 눈에는 모든 종류의 화합물이 '탄성'이라는 목표 달성을 가늠하는 신경망으로 편입된다.

그러므로 이제 문제는 '어떤 질문을 던지느냐'이다. 그 질문은 관찰과 상상력에서 출발한다. 빌 브라이슨(William McGuire Bryson, 1951~)은 그의 책《거의 모든 것의 역사A Short History of Nearly Everything》서문에서 '불현듯 내가 살고 있는 유일한 행성에 대해서 그야말로 아무것도 알고 있지 못하다는 불편한 생각이 들기 시작했다'고 말한다. 나는 이것이 출발점이어야 한다고 생각한다. 궁금증. 우리는 과학적 방법을 빌어 다음과 같은 질문에 답해야 한다. 브라이슨은 '어떻게 지구 속에 뜨거운 태양이 존재하게 되었을까? 땅 속에 태양 같은 것이 있다면 왜 발밑의 땅이 뜨겁지 않을까? 도대체 그런 사실을 어떻게 알아낼까?' 하고 묻는다. 한편 나는 이렇게 묻는다. '눈썹은 왜 있을까? 머리카락은? 머리카락의 수명은 얼마나 될까? 그것은 어떻게 알 수 있을까?'

과학적 상상력 혹은 상상력의 빈곤

많은 사람들이 상상력과 창의성을 구분해 생각하고는 한다. 새롭지만 쓸모없어 보이는 아이디어의 경우는 상상력으로, 유연한 사고를 바탕으로 한 문제 해결 능력은 창의성이라고 부르는 경향이 있는 것이다. 하지만 나는 이런 식의 정의가 너무 실용적 가치에만

치우친 감이 있다는 느낌을 받는다.

가령 이런 식의 줄 세우기도 있다. 한국의 창의력 지수는 세계 27위라고 한다. 1위는 스웨덴이고 2위는 미국이다. 미국 대통령 오바마가 한국의 교육 제도를 자주 언급해서 교육부 관계자들이 내심 기뻐하고 있는지는 모르겠지만 도대체 어떻게 창의력 지수를 점수화했는지가 무척 '창의적'이지 않아 보인다.

어쨌거나 창의력을 논하는 글들은 대체로 '고정관념을 깨뜨려라', '관계없는 영역을 연결 지어 생각하기를 힘쓰라', '뒤집어 생각하라'고 얘기한다. 또 책을 읽을 때 한 문장마다 '왜'를 붙여 자문해 보라고 한다. 이런 얘기들은 대체로 창의력이라고 하는 것이 훈련을 통해 이루어질 수 있다는 시각에서 출발한다. 맞는 말이다.

어떤 사람들은 창의력을 생물학적으로 정의하기도 한다. 사정은 이렇다. 엘리베이터, 낙타 그리고 발의 공통점은 무엇일까? 다른 참신한 게 없으리라 장담은 못하지만 답은 운송 수단이다. 금방 맞힐 수도 있는 문제이다. 그러나 즐겁게 코미디 영화를 본 집단의 사람들은 수학적 내용을 얘기하는 영화를 본 사람들보다 문제에 답하는 시간이 짧았다. 다시 말하면 즐겁고 긍정적인 정서가 창의성과 문제 해결 능력을 향상시킨다는 것이다. 여기서 바로 뇌의 전두엽으로 얘기의 방향이 바뀐다. 카이스트 정재승 교수는 전전두엽(전두엽의 앞부분)이 청소년기에 가장 빠르게 발달하는 뇌 영역이라고 말한다. 그러나 주어진 시간에 선택형 문제를 얼마나 많이 맞히느냐가 학습의 주된 판단 기준인 경우라면 전두엽의 발달은 억제될 수도 있다. 정재승 교수의 말을 마저 들어보자.

"(우리나라는) 모든 아이들에게 똑같은 내용과 훈련을, 심지어는 선행학습을 통해서 더 빨리, 실수 없이, 정확하게 시키려고 온 나라와 가정이 에너지를 투자하는 나라이다. 결국 이들이 '머리 좋다'는 소리를 들으며 학교에서 좋은 점수를 받아 좋은 대학을 가고 좋은 회사에 취직한다."

이런 말을 듣고 있으면 결국 창의성 혹은 과학적 상상력은 교육 체계와 관련이 깊을 수밖에 없다는 생각이 든다. 내 학창시절의 경험을 떠올려보아도 그 말은 수긍이 간다. '적분은 미분의 역산'이라는 단 한마디 말로 적분 수업을 마감한 수학 선생님은 나머지 시간을 '매질'을 동반한 문제풀이로 보냈다. 수업시간은 공포의 도가니였다. 물론 맞지 않기 위해 열심히 공부한 사람들도 있었을 것이지만 그런 방식이 창의성과 조금이라도 관련이 있을까?

한편 신경 과학자들은 긍정적으로 사고하고 즐겁게 일을 할 때 분비되는 신경 전달물질이 도파민이라고 한다. 도파민이라는 말을 들으면 나는 생물학적으로 이렇게 생각한다. 신경세포가 도파민을 만들 때 이 물질에 전자를 전달해주는 화합물은 (나중에 살펴볼) 비타민 C이다. 얘기가 다소 엇나갔지만 긍정적 정서를 바탕으로 확장된 연상 작용을 할 수 있는 힘은 도파민 신경계의 소임이다. 과학적 상상력을 단 한 종류의 신경 전달물질로 치환하면, '교육의 힘'이나 뒤에서 홉킨스를 논할 때 얘기할 '칭찬의 힘' 등은 설 곳이 무색하게 된다.

이런 관점에서 볼 때 과학자들이 진정 과학을 하고 있는가 하는 의구심이 자주 머리를 스쳐지나간다. 한국만의 얘기도 아니다. 이른바 연구한다고 하는 사람들이 일생 한 편 내고자 애를 쓰는 잡지인 〈사이언스〉나 〈네이처〉에 논문을 자주 출판하는 미국의 어떤 과학자 세미나를 들은 적이 있었다. 이름은 밝히지 않겠다. 그는 많은 수의 실험동물에게 발암물질을 투여하고 그들이 어떤 돌연변이를 가지는지 관찰한다. 어떤 쥐가 가령 다리 한쪽이 없고 눈이 멀었다고 하면 그런 형질을 가능케 한 유전자를 찾아낸다. 그렇게 간혹 찾아낸 새로운 유전자의 기능이 저런 논문에 실리는 것이다.

나는 그의 압도적인 자금 동원력에는 혀를 내둘렀지만, 과학자로서 그의 실험 방법은 전혀 배울 게 없다는 느낌을 받았다. 그런 식의 연구가 전혀 무의미하다는 말은 아니지만 사실 무척이나 무작위적이라는 느낌을 버릴 수 없었다.

과학적 발견에서 우연이 차지하는 비중은 생각보다 크다. 그러나 그 발견으로 이어지는 우연은 준비된 자에게만 찾아온다. 그런 면에서 우연은 굿이어의 말처럼 결코 우연이 아니다.

다른 나라에서도 그런 행사를 하는지 모르겠지만 한국에서는 매년 이른바 멍 때리기 대회라는 것이 개최된다. 첫해에는 어떤 소녀가 일등상을 받았다. 누가 심사하는지 모르겠지만 분명 머릿속을 좀 비우면* 그 자리에 번득이는 생각이 들어서지 않겠느냐 하는 취지가 있었을 것이다. 과학적 상상력과 다른 내용임이 분명하지만 나는 생각의 '여유'가 그런 상상력의 저변에 있다고 생각한다. 그리고 그 과학적 상상력은 좋은 질문으로 이어진다.

파리의 귀

그렇다면 좋은 질문이란 무엇일까? 외부 연사의 강연이 끝나면 나는 질문을 많이 하는 편이다. 비교적 자유로운 분위기에서 토론할 수 있었던 경험도 한몫했을 것이다. 나는 인간 위주로 생각하지 않는다면 어떤 상황이 전개될까 자주 고민하는 편이다. 그래서 간혹 발표자를 당혹스럽게 하는 질문도 던진다.

예전에 일본에서 해양 천연물을 연구하는 과학자가 발표를 한

* 뇌의 가장 중요한 기능이 망각이라는 말이 문득 떠오른다. 매일매일 환승역 전철에 탔던 모든 사람의 얼굴을 기억한다면 뇌 용량은 금방 한계에 다다를 것이다.

적이 있었다. 그가 사용하는 실험 재료는 해면이었다. 해면은 우리가 가장 하등한 동물이라고 치부하는 생명체이다. 일본 과학자는 해면에서 약물로 사용할 수 있는 새로운 골격의 화합물을 찾고 있었다. 물론 그는 자신이 찾은 화합물이 해면에 살고 있는 세균이 만든 것이라고 말했다. 나는 그 세균이 만든 화합물이 해면과 공생할 때 어떤 영향을 미치는가 혹은 그러한 화합물을 만드는 것이 일반적인 공생 관계에서 엿볼 수 있는 일반적인 방식인가 하는 질문을 던진다. 전체적인 맥락에서 인간을 잠시 배제하는 것이다. 그러면 이제 의미망은 세균과 해면의 공생 관계 혹은 해면의 생태계로 화제가 전환된다. 나는 그런 질문이 세미나에 참석한 다른 사람들에게도 한 번 되짚어 생각할 기회가 되기를 희망한다.

일상에서 가끔 들을 수 있는 우스갯소리가 하나 있다.

첫째 날: 파리의 앞다리를 떼고 "날아라"라고 외치자 날았다.
둘째 날: 파리의 뒷다리를 떼고 "날아라"라고 외치자 날았다.
셋째 날: 파리의 다리를 다 떼고 "날아라"라고 외치자 날았다.
넷째 날: 파리의 날개를 떼고 "날아라"라고 외치자 날지 않았다.

나흘에 걸친 저 실험의 결론은 '파리의 날개에 귀가 있다'였다. 다른 버전들도 있지만 대개 위와 비슷한 것들이다. 이 농담은 보통 일반화의 오류라는 말로 해석하기도 하고 원인과 결과를 파악하는 일의 중요함을 역설할 때도 흔히 사용된다. 그러나 나는 여기서 은연중에 인간 위주로 현상을 해석하는 하나의 사례를 더 본다. 우리는 우리의 감각이나 이성을 외부에 투사한다. 그렇기에 파리가 귀를 가진다는 사실을 단정하고 파리를 바라본다.

사실 파리는 소리를 감지하지 못한다. 그러나 2001년 〈네이처〉에 실린 논문에 따르면 이 말은 틀렸다. 오르미아 오크라케아*Ormia ochracea*라는 파리는 들을 수 있기 때문이다. 그렇기에 파리 전부가 아니라 대부분의 파리가 소리를 듣지 못한다고 해야 옳을 것이다. 오르미아 파리는 다윈이 '세상에서 가장 잔인한 동물'이라고 얘기했던 기생말벌처럼 기생충이다. 기생말벌은 곤충의 몸에 알을 낳고 이 곤충을 죽이지 않은 채 말벌의 유충이 신선한 먹이를 먹을 수 있게 한다. 오르미아 파리의 번식 전략도 기생말벌과 비슷하다. 다만 그들의 표적이 귀뚜라미라는 데 문제가 있다. 안전하게 알을 낳기 위해 귀뚜라미가 있는 곳을 정확히 판단해야 하는 것이다. 그래서 그들의 청력은 인간에 필적할 만큼 정확하게 방향성을 감지하는 수준으로 진화했다.

인간 생활을 개선하기 위해 시작된 생약학이나 임학 같은 학문 분야는 기본적으로 매우 '인간적인' 속성을 가진다. 사실 버드나무가 인간의 두통을 줄이라고 아스피린과 비슷한 물질을 만들지는 않았을 것이다. 그렇지만 해열제로서의 효용성 때문에 우리는 식물 자체가 왜 이 물질을 만들어내는지 생각하지 않는다. 왜 포도는 인간의 심혈관계에 좋다는 레스베라트롤resveratrol이라는* 화합물을 만들어낼까? 움직이지 못하는(엄밀히 말하면 이 말은 틀렸다. 그들은 자손을 통해 자신의 영역을 확대하고 환경이 변화함에 따라 서식처를 옮긴다) 식물은 주로 화합물을 만들어 자신의 목적에 맞게 사용한다. 아스피린도 레스베라트롤도 마찬가지다. 다만 우리가 그 정체를 확실히 알지 못할 뿐이다.

최근에는 식물이 땅 속을 흐르는 물소리(주파수)에 반응해 그 방향으로 뿌리를 뻗는 현상이나 벌이 날갯짓을 하는 소리에 맞추어 꽃가루를 내보내는 현상 등이 조금씩 알려지고 있다. 나무도 예외는 아니다. 적극적으로 사람이 개입한 조림造林 사업은 나중에 목재로 사용하기 위해 숲을 인공적으로 조성하는 대표적 행위이다. 이런 사업을 두고, 식물끼리 스스로 소통하는 행위를 인간이 억제하는 행태라고 보는 학자들도 있다. 이러한 개입은 오랜 시간 인간이 수행한 인공 교배와 다를 바 없다.

적단풍은 굳이 가을이 아니어도 이파리의 색이 붉다. 대부분의

* 나도 레스베라트롤을 가지고 실험한다. 이 화합물과 그 유도체를 만들어, 실험용 쥐에 투여하면 이 약물은 주로 폐와 심장에서 항산화효소의 활성을 높인다.

이파리가 초록색이기 때문에 적단풍은 단연 눈에 띄고 관상수로 인기가 높다. 보기에 좋기는 하지만 이들은 약점을 가지고 태어났다. 나뭇잎이 푸른 것은 엽록소가 초록색 빛을 반사하기 때문이다. 대신 가시광선 중에서 청자색과 황적색 파장의 가시광선을 흡수한다. 따라서 붉은 빛이 나는 단풍은 (유전자든 혹은 다른 뭐가 문제든) 적색의 빛을 흡수하지 못한다. 가히 식물계의 흙수저라 할 수 있다. 광합성의 효율이 낮다는 의미이다. 그렇기에 자연 상태라면 적단풍은 생존 경쟁에서 매우 불리한 형질을 가진 셈이다. 그렇지만 인간의 눈길을 끌기 때문에 여전히 살아남아 있다. 호불호를 얘기하는 것이 아니다. 다만 인간의 개입이 특정 식물의 존재 여부를 결정할 수 있다는 점을 알고는 있자는 말이다.

이스라엘 텔아비브 대학교 식물학자인 대니얼 샤모비츠Daniel Chamovitz는 인간 생물학의 영역이 아닌, 오롯이 식물에서만 발견되는 특성을 오랫동안 연구해왔다. 그는 광합성을 하는 식물이 어떻게 빛을 감지하고 자신의 생장에 유리하도록 발생을 조절하는지 연구했다. 사실 식물은 광합성을 위해 빛을 이용하지만 자라는 방향을 바꿀 때도 빛의 정보를 사용한다. 샤모비츠는 식물이 빛 혹은 어둠 속에 있는지를 스스로 판단하는 일군의 유전자를 발견했다. 발표 당시 식물에만 존재하는 것으로 알려진 이 유전자는 곧 인간에서도 발견되었다. 식물이 눈에 띄게 움직이지 못한다고 해서, 다시 말해

느리다고 해서 동물과 크게 다르지는 않다는 말이다.

나무가 껍질을 떨어뜨리듯이 인간도 피부를 버린다. 우리 인간의 피부는 하루 약 1.5그램의 각질을 공기 중으로 내보낸다. 손상되었거나 아니면 굵어지기 때문에 나무는 바깥쪽 피부를 끊임없이 재생해야만 한다. 식물이 나무의 껍질을 계속해서 아래쪽으로 떨구는 이유이다. 자작나무껍질의 흰빛은 베툴린betulin이라는 화합물의 물리적 특성에 기인한다. 특이할 만한 것은 자작나무 껍질에 전체 물질의 25퍼센트에 육박할 정도로 베툴린이 엄청나게 많다는 사실이다. 왜 그럴까?

그것은 자작나무의 특성 때문이다. 이 나무는 버드나무 혹은 포플러처럼 개척자 식물이다. 숲의 무리를 떠나 빈 공간에 쉽게 침투해 들어간다. 따라서 따가운 햇볕에 노출되기 쉽고 강한 빛을 효과적으로 차단할 수 있어야 한다. 자작나무 껍질 속의 베툴린은 이 목적에 충실하게 봉사한다.* 인간의 피부에 포함된 멜라닌도 마찬가지 아닌가? 게다가 이 물질은 항균작용이 있어서 세균이 쉽게 나무를 침범하지 못하도록 막는다.

이러한 예는 무척이나 많다. 식물이나 동물의 유전자는 생각만

* 게다가 손상된 껍질은 가차 없이 버리고 새로 만든다. 자작나무가 껍질을 자주 버리는 현상은 잘 알려져 있다.

큼 그리 다르지 않다. 뿌리를 내린 채 움직이지 않기 때문에 식물은 주변을 감지하고 환경의 변화를 알아채는 능력이 동물에 비해 더 정교하고 세심하게 발달할 필요가 있다. 다만 우리가 그것을 보지 못할 뿐이다. 익은 과일에서 뿜어져 나오는 에틸렌 가스는 주변의 덜 익은 과일을 빨리 익게 만든다. 덩굴 식물인 새삼은 자신의 몸통을 의지할 식물을 그 풍기는 냄새를 맡고 선택하며, 쌀보다는 토마토를 더 좋아하는 성향을 뚜렷이 드러낸다. 서로 연결된 식물의 뿌리는 물이 부족하다는 환경의 변화를 서로 공유한다.

어디 식물만 그러겠는가? 곰팡이도 세균도 심지어 바이러스도 또 이들이 무리를 이루어 살아가는 생태적 지위도 모두 각기 자신의 고유한 행동 방식과 특성을 지니고 있다.

문제는 명확하다. 인간 위주의 실용적 관점을 지양하고 사물을 객관적으로 바라보려는 노력이 있어야 한다는 말이다. 관찰과 가설의 힘은 바로 '있는 그대로의 존재'를 여러 층위에서 바라보려 할 때 마침내 꽃을 피워낼 수 있다.

제1장

질문은 곧 창조다

: 존재의 잊힌 측면을 바라보게 하는 힘

우리 주변을 꽉 채우고 있어서 누구나 알고 있지만, 조목조목 따지고 들면 실제 그 대상에 대해서 아는 것이라곤 거의 없는 공기를 생각해보자. 우리는 공기가 질소와 산소, 그리고 이산화탄소 등의 가스로 구성되어 있다는 사실을 안다. 그 누구도 이 사실을 의심하지 않는다. 뉴스에서 하도 떠들어대기 때문에 대기 중 이산화탄소의 양이 지난 수십 년 동안 늘었다는 것도 잘 안다. 1958년부터 찰스 데이비드 킬링(Charles David Keeling, 1928~2005)이 하와이 마우나로아에서 이산화탄소의 양을 매일 측정했기 때문이다. 그렇지만 산소의 양이 대기의 약 20퍼센트라는 사실은 어떻게 알게 된 것일까? 화석 연료를 태우면 산소의 양은 줄어들 수 있을까? 공기를 호흡할 때 산소와 함께 폐로 들어오는 질소는 어디로 어떻게 이동하는 것일까? 소나기 한 줄기 내려 땅을 적신 후 증발한 수증기가 공기로 섞이면서 무슨 일이 생기는 것일까? 구름은 여기가 아니라 왜 거기에 생길까? 적혈구에는 왜 핵이 없을까?

이른바 생물학을 십수 년이나 공부한 나도 나이 40이 넘도록 이런 질문을 해본 적이 없다. 게다가 학교 교육을 비교적 성실하게 수행했지만 어디에서고 이런 질문에 대한 답을 들어본 적이 없다. 어려운 수학 문제 하나를 풀기 위해 사흘 동안 수학책 한 권을 다 본 적도 있어서 나름 인내심과 집중력이 있다고 내심 생각해왔는데도 말이다. 실험실 생활을 시작한 1991년부터 각 대학교 도서관을 뒤져가며 논문도 정말 원 없이 읽었지만 그때도 여전히 지식을 습득하기에 바빴고 '질문'과는 거리가 먼 삶을 살았다.

아마 내가 본격적으로 질문하는 습관을 들이게 된 계기는 교과서나 논문이 아니라 일반 교양서를 통해서라고 말해야 할 것이다. 교과서는 잊힌 지식을 보충하기 위해서, 논문은 지금 진행하고 있는 연구의 새로운 방향을 찾기 위해 주로 참고했다. 간혹 논문을 보다가 충격을 받는 경우도 있는데, 대개 이런 논문은 아주 단순하지만 결론은 참으로 놀랍다.

반딧불이의 스위치

한국에서도 유명한 《코스모스Cosmos》를 쓴 칼 세이건(Carl Sagan, 1934~1996)의 첫 번째 부인은 린 마굴리스(Lynn Margulis,

1938~2011)다. 마굴리스는 미토콘드리아 혹은 엽록체의 기원이 세균이라는 사실을 이론화한 과학자이다. 세포 공생설은 이제 교과서에도 버젓이 올라와 있다. 전생이 세균인 미토콘드리아가 세포를 벗어나 혈액 속을 돌아다니면 세균처럼 감염 상태를 유도할 수 있을까?

2010년 〈네이처〉에 실린 논문을 보면 교통사고 혹은 수술을 하다가 상처 난 세포에서 벗어나 혈관을 떠도는 미토콘드리아가 세균처럼 면역 반응을 유도할 수 있다는 논문이 실렸다. 아주 간단한 발상의 전환이 아름다운 실험으로 연결된 '놀라운' 발견이었다. 그렇다면 상추를 씹어 먹다가 나온 엽록체*는 혹시 면역반응을 일으킬 수 있을까? 모른다. 그렇지만 우리는 질문하고 실험도 해볼 수 있을 것이다.

언젠가 울산에서 경주로 가는 버스를 기다리던 도중 우연히 들렀던 서점에서 그야말로 뒤통수를 가격하는 듯한 책을 발견한 적이 있었다. 본문에도 등장하겠지만 미토콘드리아 호흡 체계 일부를 정립한 독일인 과학자 오토 바르부르크(Otto Warburg, 1859~1938)를 설명하던 부분이었을 것이다. 바르부르크가 이용한 물질은 단백질과 빛, 그리고 일산화탄소였다. 지금은 많이 사용하지 않지만 과

* 미토콘드리아처럼 엽록체도 과거에 자유 생활을 영위했던 세균이었다.

거 30년 전만 해도 가정용 난방에 연탄이 주로 사용되었다. 구들장 틈으로 새어 겨울날 뉴스에 단골로 등장한 연탄가스의 정체가 바로 일산화탄소다.

일산화탄소는 내가 오랫동안 연구했던 물질이다. 사실 미국으로 건너가기 전까지 나는 한국 일산화질소 연구단 소속이었다. 혈관을 확장시키는 효과를 밝힌 공로로 세 명의 수상자가 노벨상을 받았던 바로 그 가스 물질이 일산화질소이다. 비아그라가 바로 이 가스의 생리 활성에 기대어 만들어진 물질이다. 일산화질소나 일산화탄소 모두 아주 간단한 가스 분자들이다. 탄소 하나에 산소 하나, 질소 하나에 산소 하나가 붙어 있는 물질인 것이다.

바르부르크는 시토크롬이라는 미토콘드리아 단백질에 일산화탄소를 붙이고 거기에 빛을 쬐어주면 그 가스가 떨어진다는 사실을 확인했다. 시토크롬은 세포의 색소 물질이라는 의미를 함축하고 있다. 그것도 철을 포함하는 색소이다. 철에 일산화탄소가 붙고 빛을 쬐어주면 떨어지는 원리와 동일한 방식으로 반딧불이는 노란빛을 깜박거릴 수 있다. 그렇지만 반딧불은 일산화질소가 시토크롬에 결합하면서 유리된 산소를 연료로 사용해서 가스등을 켜는 것이다. 가스등에서 나온 빛은 다시 일산화질소를 떨어뜨리고 산소를 붙인다. 그러면 반딧불이 꺼진다.

그래서 일산화탄소의 생리활성을 탐색하고 있던 나는 이 작은 가스 물질이 시토크롬 계열의 단백질과 결합하여 세포 내에서 어떤 일을 할 수 있겠다는 생각을 했다. 그러자 바로 이어지는 질문은 이것이었다.

왜 우리 몸은 매우 비슷한 화학적 성질을 갖는 가스 물질을 굳이 두 가지 이상 만들어내는 것일까? 아직 이 질문에 대한 답을 구하지는 못했다. 하지만 지금도 여전히 나는 그 질문과 마주하고 있다. 그게 다가 아니다. 우리 몸은 단백질을 써서 한 가지 가스를 더 만든다. 계란 썩을 때 나는 하수구 냄새의 주인공인 황화수소*이다. 왜 우리 몸은 자동차 배기가스에다 연탄가스 혹은 하수구 냄새가 나는 가스 물질을 여러 벌 만드는 것일까?

아마도 우리 신체가 사용하는 산소의 양을 조절하기 위한 정교한 장치가 아닐까 하는 것이 현재 나의 생각이다. 그러한 내용은 책에 자세히 기술했지만 아직도 완벽함과는 거리가 있어 보인다.

명실상부 과학자라 자부하는 많은 교수 혹은 연구원들조차도 사실 생각보다 깊이 질문하지 않는다. 예를 들어보자.

> 포도당을 태워서 미토콘드리아에서 최종적으로 얻는 물질은 무엇일까?

* 2013년 출판된《산소와 그 경쟁자들》(지식을 만드는 지식, 2013)에 자세한 내용이 실려 있다.

아마 거의 대부분의 사람들이 ATP라고 얘기할 것이다. 맞다. 그렇지만 성냥을 태우는 것처럼 빠르든 아니면 세포 대사처럼 느리든 연소는 결국 탄소를 산소와 결합시켜 열(또은 ATP 혹은 운동에너지)과 물을 내놓는다. 위의 질문 대신 나는 이렇게 묻는다.

"미토콘드리아에서 만들어진 물은 어디로 갑니까?"

아무도 대답하지 못한다. 왜냐하면 발표하는 연구자마저 평소 생각조차 해본 적이 없기 때문이다. 솔직히 말하면 나도 답을 모른다. 그렇지만 대사 과정을 통해 생긴 물을 '대사수'라고 부른다는 점은 나도 알고 있다. 그리고 그 물이 사막을 살아가는 생명체의 소중하기 그지없는 '생명수'라는 사실도 잘 인식하고 있다.

질문은 답을 찾아가는 등대가 되기도 하겠지만 존재의 잊힌 측면을 바라보게 하는 힘도 갖는다. 빛이 비추는 영역이 있으면 비추지 못하는 훨씬 넓고 알려지지 않은 암흑의 공간이 엄연히 실재하는 것이다.

이후에 다시 적혈구 얘기가 나올 테지만 준비운동 삼아 적혈구 얘기를 좀 더 해보자. 산소를 나르는 것을 주업으로 하는 빨갛고 자그마한 세포가 적혈구이다. 이 세포는 골수에서 자라나와 120일 동안 혈관을 타고 돌다가 비장에서 분해된다. 1초에 200만 개의 적혈구가 파괴되고 또 그만큼이 만들어진다. 앞에서 인간이 가진 수십조개 세포의 절반 이상이 적혈구라고 말했던 사실을 떠올려보자.

심장을 떠난 적혈구가 조직에 산소를 전달하고 다시 심장으로 돌아오는 데 걸리는 시간은 불과 23초다. 그리고 거의 모든 세포에 있는 핵이 적혈구에는 없다.

언젠가 대학원 수업 중에 적혈구에는 핵이 없노라고 얘기했더니 한 학생이 이렇게 물었다. "닭의 적혈구에도 핵이 없나요?" 나는 답을 모른다고 말했다. 찾아보고 다시 얘기해주겠노라고 했다. 예상과는 달리 닭을 포함하는 조류의 적혈구는 핵을 가지고 있었다. 그렇다면 파충류에서 조류와 포유류가 갈리는 어느 순간에 적혈구를 잃어버리는 사건을 겪었다는 말이 될 것이다.

그렇다면 포유류의 적혈구는 언제 어떻게 사라진 것일까? 배철현 교수가 쓴 《신의 위대한 질문》(21세기북스, 2015)이란 책을 보면 질문은 '이 단계에서 다음 단계로 넘어가기 위한 문지방이며 미지의 세계로 진입하게 해주는 안내자다.' 지적 산파 역할을 톡톡히 해주는 것이 바로 '질문의 힘'인 것이다. 최근에 들어서야 우리는 적혈구가 어떻게 미토콘드리아 혹은 핵을 잃어버리게 되었는지 짐작하게 되었다. 그러나 '언제' 혹은 '왜'에 대해서는 아는 바가 거의 없다.

관찰과 가설의 출발점

대학교 1학년 학생들이 보는 생물학 교과서를 보면 거의 예외 없이 귀납적 과정을 거치는 과학적 사실의 발견에 관한 내용이 등장한다. '모든 생명체는 세포로 이루어졌다'는 명제는 현미경이 발견된 뒤 두어 세기 동안 관찰한 사실에 바탕을 둔 것이다. 바로 그 다음에는 가설에 바탕을 두고 그것의 반증 가능성을 찾는 과학적 방법론에 관한 얘기가 나온다. 가설이 옳으냐 그르냐를 실험적으로 판정할 수 있어야 한다는 뜻이다. 결국 여기서 교과서가 말하는 과학은 '관찰과 가설'이다. 교과서에까지 등장하는 이런 견해를 굳이 부정하고 싶은 생각은 없다.

그렇지만 과학은 나와 내 주변을 둘러싼 이것저것에 대한 호기심에서 출발한다. 호기심이 없는데 무슨 관찰을 할 것이며 가설을 세우겠는가? 이에 관한 대표적인 얘기는 누구나 잘 알고 있는 것이다. 어린 아이가 부모에게 이런 질문을 하는 것은 동서양 구분이 없다. "아이는 어디서 나와?" 다행인지 불행인지 우리 아이들은 아직까지 이 질문을 하지 않았다. 호기심이 없는 것일까? 외국 사람들은 황새가 물어왔다는 둥 하는 모양이다. 다 알겠지만 한국인들은 '다리 밑'에서 주워왔다고 한다. 다른 것은 모르겠지만 하여간 이 부분에서는 우리네 조상이 훨씬 과학적인 것 같다. 아니 해학적이라고 해야 하나?

궁금증이 과해서 지금이라면 사회적 비난을 면키 어려운 실험을 진행한 사람들도 적잖이 많다. 어린 침팬지와 인간 아이를 인간 가족의 테두리에서 함께 키우면서 그들을 관찰한 아버지가 그런 예이다. 동인도 어느 동굴에서 늑대 떼와 어린 시절을 보낸 두 소녀의 이야기가 세간에 알려지면서 실험 심리학자였던 켈로그(Winthrop Niles Kellogg, 1898~1972)가 자신의 아이를 대상으로 실험을 한 것이었다. 원래 그는 인간의 아이를 숲으로 보내 거기서 아이의 발달 단계를 파악해야 한다고 주장했지만 그의 의견은 법 혹은 윤리의 문제 때문에 받아들여지지 않았다. 대신 그는 자신의 아이와 비슷한 나이의 침팬지를 입양해서 키웠다. 모든 조건은 인간이 사는 방식을 따랐다. 인간 아기를 키우는 식으로 침팬지를 대접한 것이었다. 관찰 결과 모든 면에서 침팬지가 인간보다 나았다. 단 한 가지를 제외하고 말이다. 그것은 바로 '모방'이었다. 켈로그의 인간 아이가 침팬지를 따라 한 꼴이 되었다. 단 한 번의 실험으로 뭐라 얘기하긴 어렵지만 우리는 여기서 양육의 중요성을 강조할 수도 있다. 우리는 흔히 본성, 즉 유전자에 각인된 자연적인 '힘' 혹은 주변 환경과 같은 양육 방식 중 어느 것이 인간성을 빚는 데 더 중요한 역할을 할 것인가를 두고 갑론을박한다. 어린 침팬지 실험은 양육의 손을 들어주는 듯했지만 실험이 끝난 9개월 후 켈로그의 아이는 금방 정상으로 돌아왔다. 일반적인 아이들의 발달 단계를 회복하게 된 것이다. 그렇지만 이 순간 우리는 인간의 모방 능력을 강조할 수도 있을 듯하다. '모방이 창조의 어머니'라는 아리스토텔레스의 말을 인용하면서 상투적인 얘기를 더 하지 않겠지만 어쨌든 모방이 인간의 고유한 능력 중 하나임은 부인할 수 없다.

관찰을 통한 모방의 예는 사실 매우 흔하다. 거친 파도를 버티며 바위에 붙어 살아가는 홍합의 접착 단백질을 연구하여 물속에서도 접착 기능을 잃지 않는 접착제가 개발되었다거나 상어의 피부를 연구하여 마찰을 최소화한 수영복을 제작하는 일이 좋은 예다. 뜸하게 방문하기는 하지만 나도 회원인 웹사이트 '자연에게 물어라 AskNature.com'에 들어가 보면 매우 흥미로운 관찰 사례들이 등장한다. 두 개의 카복실산이 결합한 화합물인 옥살산의 투명한 결정을 통해 빛을 모으고 광합성을 하는 식물들도 지구를 살아간다. 열심히 자연을 관찰한 뒤 우리는 거기서 무엇을 배울 것인가? 아마 개별 사례를 모을 수 있는 만큼 모은 뒤 물체 혹은 과정의 저변에 흐르는 일반적인 속성 혹은 본성을 찾을 수도 있을 것이다. 프랜시스 베이컨(Francis Bacon, 1561~1626)이 주장한 과학적 방법론의 요체가 바로 그런 것이다. 아니면 모방과 변형을 통해 뭔가 인간 생활에 실질적 도움을 주는 기술을 개발할 수도 있을 것이다. 관찰에 근거해서 가설을 세우고 실험적으로 그 가설을 검증해볼 수도 있을 것이다.

그러나 내가 보기에 현재 과학이 수혈 받아야 할 것은 '역사'이다. 역사를 편입시킬 때 비로소 과학이 진정한 객관성을 확보하게 된다는 점은 엄연한 사실이다. 조류와 포유류가 갈라지던 시점에서 어떤 일이 일어났는가를 알아야 포유류의 적혈구에서 핵이 왜 사라졌는지 비로소 '의심'하게 되는 것이다. 그것만이 아니다. 며칠씩 잠을 자지 않고 히말라야를 넘는 새들의 적혈구에 들어 있는 핵은 무슨 일을 하는 걸까 '질문'하게 되는 것이다.

나는 과학적 내용을 다루는 책과 논문, 노벨상 수상자들의 자서전을 읽으면서 동시에 문학평론가 신형철의 《몰락의 에티카》(문학동네, 2008)도 읽었다. 광합성 연구의 역사를 기술한 《태양을 먹다 Eating the sun》를 읽다가 거기서 나온 과학자의 이야기를 보고 꼬리를 무는 과정을 거쳐 신형철에까지 도달한 것이다. 과학적 논문을 읽을 때 참고문헌, 참고문헌 속의 참고문헌을 읽으며 인식의 지평을 넓혀가는 일을 했다고 보면 된다. 어쨌든 저 책에는 이런 내용의 글이 등장한다.

> 본래 모든 사건은 수많은 단서들이 착종되어 있는 거대한 질문이다.

착종錯綜이라는 약간은 생소한 단어를 사전에서 찾아보니 '이것저것이 섞여 모이다'라는 뜻이라고 한다. 나는 그 말이 평론의 소재인 시나 소설의 내용에 국한된다고 생각하지 않는다. 사실 모든 과학적 실재, 원자에서 생명에 이르는 모든 존재 자체가 많은 단서와 역사를 간직하고 '질문'해오기를 기다리고 있는 것 아닐까?

21세기의 평론가가 이렇게 말했다면 17세기 프랜시스 베이컨은 그의 저서,《신기관The new organon》에서 이렇게 일갈한다.

> 자연에 종속되었지만 그것 없이는 살 수 없어서 자연을 분석해야만 하는 인간은, 자연을 관찰하고 그 법칙을 사색하는 한에서만 그것의 상당 부분을 이해할 수 있으며 또 뭔가를 할 수 있다. 그 이상의 것은 이해할 수도 없고 뭔가 할 수도 없다.

베이컨으로부터 자연을 분석하고 그것을 이용하는 과학의 새로운 패러다임이 등장했다는 얘기는 정당해 보인다. 그는 경험과 관찰을 중히 여기는 경험론이 필요하다고 생각했고 그에 부합하는 귀납법을 제창했다. 나는 여기에 지구를 중심에 놓고 사고하는 '역사적' 관점이 절실하게 필요한 시기가 되었다고 생각한다. '과학과 신학의 결합을 마치 합법적인 결혼이 성사된' 것처럼 여겼던 중세적 과학관은 베이컨을 거쳐 과학과 신학이 결별하는 단초를 맞게 된다. 나는 이 결별이 더욱 중요한 사건이었다고 느낀다. 근대적 의미의 과학이 본격적으로 시작된 것이다.

질문은 우리를 기다리고 있다

다시 적혈구로 돌아가자. 혈액을 구성하는 혈구 중 하나인 적혈구는 언제 처음으로 생겼을까? 피부를 통한 확산만으로는 생명체에 충분한 양의 산소를 공급하기 힘들게 되면서 적혈구가 생겨났을 것이다. 그러니까 적혈구는 다세포 생명체가 크기를 어느 정도 키울 때까지는 아직 등장하지 않았을 것이다. 다른 요소들도 있겠지만 생명체가 다세포성을 띠게 될 수 있었던 것은 대기 중의 산소가 어느 정도 이상이어야 가능했다고 대부분의 과학자들은 동의하고 있다.

2016년 '교회의 진짜 적은 도킨스가 아니라 캐럴'이라는 제목의 기사가 실렸다. 《만들어진 신The god delusion》이란 책 말고도 여러 수단을 통해 교회와 싸워 온 리처드 도킨스(Richard Dawkins, 1941~)가 아니라 《이보디보Evo Devo》란 책을 쓴 션 캐럴(Sean B. Carroll, 1960~)이라는 발생학자가 '과학으로 무장을 한' 채 신학과 싸울 이론적 준비를 마쳤다는 내용이다. 이보디보는 무슨 아프리카 부족 이름 같이 들리지만 사실은 진화발생생물학(Evolutionary Developmental Biology)이라는 영어의 약자이다. 우리말로 치면 '듣보잡' 같은 표현이라고 보면 무방하다. 이 책은 무척 재미있는 내용을 담고 있다. 가령 초파리의 배아에서 눈의 발생을 조절하는 유전자를 제거하고 동일한 쥐의 유전자를 삽입하면 초파리의 겹눈이 나온다. 반대로 실험을 해도 초파리의 유전자는 쥐의 카메라 눈을 만들 수 있다.

캐럴의 《한 치의 의심도 없는 진화 이야기The Making of the Fittest》란 책에 등장하는 남극 부베 섬의 얼음물고기는 혈액 안의 적혈구를 없애버렸다. 혈액의 점도가 높으면 차가운 수온 때문에 심장에 커다란 부담이 가기 때문이었다. 대신 피부 근처 모세 혈관을 넓히고 비늘조차 없애버렸다. 산소를 더 잘 흡수할 수 있게 혈관과 혈액의 설계를 바꿔버린 것이다. 그러므로 현재 얼음물고기의 몸에서는 적혈구를 거의 찾아볼 수 없다. 적혈구가 탄생한 시기가 어류의 출현보다 훨씬 앞선다는 의미이다.

지금은 분자 생물학과 유전체학이 발달하면서 특정 단백질 혹은 유전자의 서열을 비교 분석하면서 생명체의 '역사적 계보'를 다시 그린다. 적혈구의 진화도 예외가 아니다. 세포와 수준이 다른 유전자 혹은 단백질이라는 물질로 관심의 향배를 바꾸면 다른 종류의 질문이 생긴다. 마찬가지로 원자의 수준이라면 또 다른 '의심'을 해볼 수도 있을 것이다. 그러니까 과학적 실재는 '질문'을 품고 있는 것이다. 문제는 그 질문이 우리를 기다리고 있다는 점이다.

그렇기에 우리는 '질문'해야 한다. '질문은 답보다 심오하다'는 말도 있지 않은가? 그러나 나는 여기에 덧붙여 질문은 창조적 사고와 행위의 출발점이라는 말을 하고 싶다. 이제부터 주로 노벨상을 수상한 과학자들과 그 주변 인물들이 질문하고 답을 찾아가는 과정을 살펴볼 것이다. 그 과정을 독자적으로 이루어졌든 범과학계가 나서서 협동적으로 답을 구했든 그 모든 것은 '창조적' 행위였다고 볼 수 있다.

이제부터 비타민이 발견되는 과정에서 엿볼 수 있는 '창조적'이고 투쟁적인 행위의 뒤안길을 쫓아가보자.

제2장

최초의 비타민

: 선명하고 아름다운 결과들

비타민은 필수적이다. 필수 아미노산처럼 '필수적'이다. 여기서 필수라는 말은 몸 밖에서 공급해주어야 한다는 의미를 갖는다. 같은 말이겠지만 인간의 몸 안에서는 만들어지지 않는다는 말이다. 따라서 비타민은 무척이나 인간적인 용어이다. 이런 식의 단정은 바로 식물이나 특정 동물 혹은 세균이 왜 우리가 비타민이라고 부르는 물질을 만들까 하는 질문으로 이어진다. 바로 이런 질문과 답을 찾아가는 과정을 통해 우리는 식물과 동물 혹은 세균과 동물 등 생명체가 오랜 세월에 걸쳐 상호 작용을 통해 공진화해 왔다는 느낌을 듬뿍 받는다.

체내에서 합성되어 혈액을 따라 전신으로 운반되고 생명체의 생식과 성장을 촉진하는 호르몬과 외부에서 영양소의 형태로 섭취해야 하는 비타민은 분명 다르다. 그러나, 스테로이드 계열의 화합물에서 만들어진 비타민 D는 다소 애매한 구석이 있다. 자외선을 받아서 피부 아래를 흐르는 모세혈관에서 만들어질 수 있기 때문이다. 음식물을 통해 섭취할 수도 있지만 모세혈관에서 만들어지기도 한다.

비타민을 많이 섭취하면 암과 같은 질병을 예방할 수 있다고 말하는 사람들도 꽤 많다. 역학 조사를 통해 이런 결론이 임상적으로 입증된 적은 없지만 여전히 비타민 시장은 꽤 큰 편이다. 실제로 음식물을 통해 섭취하는 비타민이 부족하면 문제는 심각해진다. 중학교 생물시간에 달달 외우던 바로 그런 증상들, 각기병, 괴혈병, 구루병이 여기에 속한다. 이름만 들어서는 이들 질병은 굉장히 무서운 괴질처럼 보인다.

가령 비타민 A가 부족하면 밤눈이 어두워진다. 이를 야맹증이라고 한다. 야맹증은 눈에서 빛을 감지하는 분자가 줄어들기 때문에 생기는 증상이다. 전 세계적으로 50만 명의 어린이가 비타민 부족으로 시력을 잃고 면역력이 떨어진 70만 명에 달하는 사람들이 감염으로 죽어간다. 항해시대에 많은 선원이 죽음에 내몰렸던 이유도 비타민 C가 부족했기 때문이었다.

비타민이 중요하다고 말하지만 딱 부러지게 무슨 역할을 하느냐고 하면 사실 할 말이 많지 않다. 매우 광범위한 생물학적 과정에 두루 참여하기 때문이다. 그렇지만 화학적으로 말하면 많은 종류의 비타민이 전자를 주고받는 반응에 참여한다. 광합성을 하는 식물은 물을 깨서 전자를 얻고 이산화탄소를 고정할 때 그 전자를 사용한다. 따라서 포도당 안에는 물에서 유래한 전자가 저장되어 있다. 물과 같은 무기물에서 전자를 빼내는 생명체는 나머지 모든 생명체를 먹여 살린다. 인간을 포함하는 동물은 식물이 만든 포도당에서 전자를 빼내서 쓰고 그것을 다시 물에게 돌려준다. 전부는 아니지만 전자를 빼내서 쓰는 과정에 비타민이 두루 참여한다. 아주 소량이 필요하지만 그마저도 모자라면 죽을 수도 있다. 그렇기 때문에 비타민은 필수적이라는 말을 쓴다.

실험적으로 비타민이 필수적이라는 사실을 밝혀 노벨상을 받은 사람은 꽤 많다. 전부 다 살펴보지는 않겠지만 최초의 노벨상은 비타민 D에게 주어졌다. 그 뒤로 비타민 B_1, C, 맨 나중에 혈액 응고에 관여하는 비타민 K가 노벨상의 영광을 안았다. 저간의 얘기를 잠깐 살펴보자.

케임브리지의 백조들: 칭찬이 백조를 만들다

생명체가 비타민을 얻는 방법에는 두 가지가 있다. 하나는 직접 만드는 법, 다른 하나는 누가 만들어놓은 것을 먹는 법. 비타민은 우리가 살아가는 데 꼭 필요하지만 체내에서 충분히 만들어지지 않는 물질을 일컫는다. 우리가 다분히 인간중심적인 관점에서 비타민이라고 부르는 이 물질은 다른 생명체에서 호르몬 역할을 할 수도 있다. 가령 비타민 C를 생각해보자. 대부분의 동물이 비타민 C를 체내에서 만든다. 그러나 많은 종류의 박쥐, 기니피그 그리고 몇몇 신세계 원숭이와 인간은 그렇지 않다. 상당수의 새와 물고기도 비타민 C를 만들지 않는다. 여기서는 인간만 다뤄보도록 하자.

인간의 유인원 조상은 약 6천만 년 전에 비타민 C를 더 이상 만들지 않기로 했다. 아마도 과일을 섭취하게 되면서부터일 것이다. 그러나 농경이 시작되면서, 보다 더 정확히 말한다면 인간이 섭취하는 식단의 가짓수가 줄어들면서 비타민 부족 증세가 인간 집단에서 나타나기 시작했다. 인간의 역사에 밀이나 옥수수가 주식으로 편입되면서 실제 그런 현상이 나타났다. 그러나 많은 시행착오를 겪고 가혹한 경험이 축적되면서 인간 집단은 비타민 부족을 피해가는 방법을 찾아냈다. 나중에 마야 인들이 옥수수를 어떻게 다루는지 살펴볼 때 다시 얘기하겠다.

증기기관이 가동되기 시작한 19세기 중반에 이르러 비타민이 풍부한 쌀겨를 제거한 백미가 등장하게 되었다. 그야말로 고봉 쌀밥에 고기 반찬이 소원이던 시절 얘기다. 백미가 일반화되면서 각기병이라 부르는 증상을 호소하는 사람들이 늘었다. 다리에 힘이 빠져서 잘 걷지를 못하는 증세가 나타난 것이다. 거기에 수전증, 부종이 나타나기도 했고, 사망에 이르기도 했다. 유럽에서는 이런 증세가 심하게 나타나지 않았지만 쌀을 주식으로 하는 동남아에서는 각기병이 자주 나타났다. 19세기 메이지 유신 이래 일본 사병 집단 내부에서도 각기병이 빈발했다. 그렇지만 장교 집단에서는 그런 일이 드물었으므로 이 상황을 유심히 지켜본 군의관 다카키 가네히로(高木兼寬, 1849~1920)는 각기병이 세균 감염이 아니라 영양분 결핍 때문이라는 가설을 세웠다. 세균이 질병을 일으키는 주요한 요인이라는 생각이 팽배하던 시절이기 때문에 저런 가설을 증명하려면 세밀한 관찰뿐만 아니라 그에 상응하는 용기도 필요했을 것이다.

뒤에 등장할 에이크만(Christian Eijkman, 1858~1930)과 함께 노벨상을 공동 수상한 홉킨스(Frederick Gowland Hopkins, 1861~1947)는 케임브리지 동료들과 다양한 실험을 수행했다. 예컨대 젖산lactic acid이 근육 세포에서 하는 역할도 짐작했고 나비 날개의 색소도 연구했다. 그는 생물학적 과정을 화학적 지식에 의해 이해할 수 있다고 굳게 믿었고 생물학적으로 단순한 화합물에 자신의 연구 역량을 집중시켰다.

늦깎이인 홉킨스가 케임브리지에 최초의 생화학 교수로 임용된 때는 1914년이었다. 그의 나이는 53세였다. 그렇지만 그가 전임강사로 케임브리지와 인연을 맺은 것은 1898년이었으며 부서는 생리화학과였다. 거기서 그는 단백질을 연구했다. 급여가 많지 않았기 때문에 의과대학 학생들에게 해부학과 생리학을 강의하면서도 실험을 계속하였다. 홉킨스에게도 행운이 우연처럼 찾아오는 일이 생겼다.

나중에 옥스퍼드 생리학 교수로서 작위를 받은 존 멜란비(John Mellanby, 1884~1955)를 포함하는 그의 제자들과 실험을 하는 도중 이상한 일이 벌어졌다. 당시 홉킨스 연구진들은 아담키비츠 Adamkiewicz 정색 반응을 통해 단백질을 검출하는 실험을 하고 있었다. 정색 반응은 혼합물 속에 특정한 구조를 띤 화합물의 존재 유무 혹은 그 양을 짐작하는 전통적인 방법이다. 아담키비츠 반응은 황산이 존재하는 상황에서 글리옥실산과 단백질이 반응하여 보라색을 나타내는 것이었다. 그렇지만 당시에는 글리옥실산 대신 빙초산을 사용하였다. 실험 방법대로 착실히 실험했지만 멜란비의 단백질은 아무런 색을 나타내지 않았다. 이 얘기를 듣고 홉킨스는 스스로 직접 실험을 해보았지만 마찬가지로 색은 변하지 않았다. 다른 병에 담긴 빙초산을 가지고 실험을 하자 이번에는 선명한 보라색이 나타났다. 본능적으로 뭔가 있다고 느낀 홉킨스는 다른 실험실에서 빙초산을 빌려다 실험을 해보았다. 죄다 보라색의 단백질 정색 반응이 무사히 진행되었다. 연구원이었던 콜(S. W. Cole)과 함께 홉킨스는 멜란비가 사용한 빙초산이 순도가 매우 높다는 사실을 알아냈다. 그들은 빙초산에 불순물이 포함되어 있었고 그것이 초산과 쉽게 분리되는 화학적 성질을 가진다는 것을 알아냈다. 바로 그 물질이 글리옥실산이다.

단순한 우연을 그저 스쳐 지나는 우연으로 보지 않았던 홉킨스의 인생을 변화시킨 물질이 글리옥실산이다. 빙초산을 공기 중에 방치해두면 산화되어 소량의 글리옥실산이 생긴다. 어쨌든 글리옥실산은 단백질을 구성하는 아미노산 스무 개 중 단 한 가지와만 반응을 한다. 바로 트립토판이다. 트립토판은 생명체를 구성하는 아미노산 중에서 그 양이 가장 적은 성분이다. 그렇지만 이 물질은 세로토닌과 멜라토닌의 전구체*이다. 세로토닌은 소화기관에서 95퍼센트가 만들어지며 '행복 호르몬'이라고도 얘기하는 매우 중요한 신경 전달물질이다. 멜라토닌은 비타민 D와 마찬가지로 햇빛의 유무에 따라 그 양이 달라지는 생체 시계용 신경 전달물질이다. 더 자세한 얘기는 하지 않겠다.

바로 이 트립토판을 발견한 과학자가 홉킨스이다. 1901년 우유의 주요 단백질인 카제인에서 트립토판을 분리 정제한 것이다. 홉킨스 연구진은 트립토판을 먹인 쥐와 그렇지 않은 쥐의 발육 상태를 조사하였다. 트립토판을 섭취하지 않은 쥐는 덜 자랐고 체중도 적었다. 이 동물이 다시 미량의 트립토판을 복용하자 발육과 체중

* 화학 반응에서 최종 산물의 전 단계에 해당하는 물질. 예컨대 A에서 B로, B에서 C로 변화할 때 C라는 다음 단계에서 A나 B는 전구체가 된다.

이 원상태로 회복되었다. 이 논문이 출판된 해는 1907년이다. 이제 사람들은 어떤 화학물질이 대사 과정에서 중요한 역할을 담당한다는 사실을 받아들이기 시작했다. '생명체의 성장과 발육에 중요한 역할을 하는 미량의 화학물질'이라는 조건에 잘 부합하는 화합물이 바로 비타민이다.

당시 홉킨스의 머리에서는 미량의 물질을 섭취하지 않는 것도 병원성 세균과 마찬가지로 특정 질병을 일으키는 원인이 된다는 생각이 싹트고 있었다. 그렇지만 역사적으로 보면 그다지 새로울 것도 없는 가설이었다. 고대 이집트인들은 밤눈이 어두운 사람들에게 동물의 간을 먹도록 했다. 14세기 중국의 문헌을 봐도 당시 사람들은 각기병을 치료할 때 음식이 중요하다는 사실을 자각하고 있었다. 영국의 항해 시대에 제임스 린드(James Lind, 1716~1794)는 레몬주스가 괴혈병을 치료할 수 있다는 사실을 알려서 수많은 선원들의 목숨을 구했다. 다카키 가네히로도 현미보다 백미를 섭취하는 해병들이 각기병에 잘 걸린다는 사실을 알고 있었다. 바로 에이크만이 백미만을 먹은 닭에서 관찰했던 현상이었다. 문제는 실험으로 이 가설을 증명할 수 있느냐 하는 것이었다.

음식물에 미량의 물질을 넣거나 빼는 일련의 실험 결과는 1912년 발표되었다. 같은 해 카시미르 풍크(Casimir Funk, 1884~1967)도 〈음식물에 필수적으로 포함되어야 할 미량 물질의 부족에 관하여〉라는 논문을 출간하면서 비타민이라는 말을 처음으로 사용했다. 이런 공적을 인정받아 홉킨스는 에이크만과 함께 노벨상을 수상했다. 1929년 일이다.

노벨상을 수상한 과학적 업적도 업적이지만 홉킨스는 그의 측량할 수 없는 친화성 때문에 더욱 주목을 받았다. 이른바 과학 지도자로서의 자질에 관한 칭찬이 주류를 이룬다. 당대의 권위적인 사람들과 달리 홉킨스는 그 누구의 말이라도 귀 기울여 들었고 근본적으로 사람을 믿었다. 오죽하면 케임브리지 동료들이 "홉킨스의 오리들은 모두 백조였다"라는 말을 했겠는가? 홉킨스는 그의 제자들에게 '칭찬과 격려의 호르몬'을 듬뿍 주사해주었다. 백조들은 과학의 춤을 추었다. 그의 제자라곤 할 수 없지만 센트죄르지도 홉킨스의 도움을 받았다. 결국 센트죄르지는 자신이 발견한 물질이 비타민 C라는 사실을 알게 되었다.

백미를 먹은 닭이 쓰러지다

에이크만이 네덜란드령 동인도 주둔군에 합류한 때는 1889년이었다. 군의관으로서 에이크만은 네덜란드령 식민지 육해군 사이에 맹위를 떨치던 각기병 연구를 위한 과학위원회에 일원으로 동참했다. 자카르타 바타비아 육군 병원 연구소에 배속된 그는 어느 날 양계장에서 기르던 닭이 병에 걸린 사실을 알게 되었다. 다리가 약해서 비틀거리던 닭들은 제대로 서 있지도 못하고 시름시름 앓다가 죽기도 했다.

에이크만은 닭의 증세가 사람에게서 발견되는 각기와 매우 흡사한 양상을 띤다는 사실을 알아챘다. 알면 보이는 것이다. 지속적으로 그는 암탉들을 세밀하게 관찰하였다. 그러다 어느 순간 비틀거리는 닭이 전혀 보이지 않는 것을 보고 깜짝 놀랐다. 새로운 병에도 걸리지 않았을 뿐 아니라 비틀거리던 닭들도 건강을 회복하기 시작한 것이다. 도대체 무슨 일이 벌어진 것일까? 혹시 닭의 모이가 문제가 아니었을까 하는 생각이 언뜻 뇌리를 스쳐 지났다. 에이크만은 양계장의 닭을 키우던 병사 하나가 주방에서 흰쌀을 가져다가 모이로 썼다는 사실을 알게 되었다. 새로 닭을 책임진 병사는 백미를 쓰지 않고 대신 정미하지 않은 현미를 먹였다는 것도 알게 되었다.

닭의 모이가 원인일 가능성은 충분했지만 에이크만은 보다 믿을 만한 데이터가 필요했다. 그는 현미를 주는 군과 백미를 먹는 닭을 구분하고 그들의 건강 상태를 예의 주시했다. 확실히 백미만을 먹은 닭들은 쉽게 병에 걸리고 비실비실해졌다. 다음에는 이들 각기 증세를 보이는 닭에게 현미를 주고 반대로 건강한 닭에게 백미를 주었다. 상황은 뒤집혔다. 마지막으로 현미에서 백미로 정제하는 과정에서 부산물로 나온 쌀겨를 백미와 섞여서 닭에게 먹였다. 닭은 원기를 되찾았다.

관련성은 명백해 보였지만 닭의 실험 결과를 인간에게 그대로 연역하기는 무리가 있었다. 에이크만은 루돌프 피르호(Rudolf Ludwig Karl Virchow, 1821~1902)가* 그랬듯 역학 조사를 시작했다. 피르호는 저널 명에 자신의 이름이 들어 간 두 명의 과학자 중 한 명이다. 피르호 아카이브와 랭뮤어(Irving Langmuir, 1881~1957)의 이름을 딴 잡지가 그것이다. 피르호는 근대 생물학의 거두로서 '세포는 세포에서 나온다'는 세포설을 주창한 사람이다. 또 유럽을 휩쓸던 전염병을 조사하면서 정부가 책임이 있다고 강변했다. 특정 지역의 환경이 전염병의 발발과 관련이 있다는 새로운 역학 연구를 수립한 피르호는 하수도 혹은 상수도를 개선하는 정책을 강력하게 추진했다. 피르호처럼 에이크만도 동인도 소재 교도소 여기저기에 수감된 25만 명 이상의 사람들을 대상으로 자료를 수집하기 시작했다. 교도소에 따라 현미 혹은 백미로 밥을 짓거나 둘을 섞기도 했던 것이다.

결과는 선명하고 아름다웠다.

현미를 보급하는 교도소는 37개소 중 한 곳에서 혼합한 곳에서는 13개 중 6곳, 백미만을 주식으로 한 51개소에는 36개소에서 각

* 의학은 사회과학이며 정치는 대규모의 의학에 불과하다고 일갈했던 피르호는 독일 실레지아 지방에서 발병한 발진티푸스를 조사하는 과정에서 극빈층의 열악한 생활환경이 질병의 주요한 원인이라고 주목하였다. 나중에 공중 보건에 힘을 쏟으면서 세균에 의한 전염병을 예방할 수 있음을 보였다. 근대 병리학의 창시자로 알려졌다.

기병 환자가 발생했다. 그러나 죄수 1만 명당 각기병 환자를 계산한 결과는 더욱 뚜렷한 차이를 보였다. 현미를 먹는 죄수 군에서는 1명, 섞은 곳은 416명 그리고 백미만 먹었던 군에서는 무려 3,900명이 각기 증상을 보였던 것이다.

쌀겨에서 발견한 수용성 비타민은 티아민으로 밝혀졌다. 비타민 B_1이라 불리는 물질이다. 비타민은 우리 몸에서 어떤 일을 할까? 사실은 매우 많고 복잡해서 일목요연하게 정리하기 힘들다. 그렇지만 이들이 대사 과정에 결정적인 역할을 하는 것은 분명하다. 나중에 혈액 응고 과정에서 살펴볼 비타민 K도 중요한 역할을 하리라는 것은 자명한 일이다. 출혈을 막는 자연적인 과정이기 때문이다. 에이크만과 홉킨스는 생명체가 자라고 유지하는 데 필요한 미량 물질인 비타민을 발견한 공로로 노벨상을 공동 수상했다. 너무 노쇠한 에이크만은 시상식에 참여하지 못했지만 홉킨스는 영광스런 자리를 빛내주었다.

마야의 옥수수

비타민은 인간 집단의 크기가 작았던 수렵 채집 사회에서는 별 문제가 되지 않았다. 이것저것 주변에서 이용 가능한 것이면 죄다 먹었을 것이기에, 굶던 시기가 있었을망정 균형 잡힌 영양을 유지했을 것이기 때문이다. 하지만 정착을 하면서 인류는 최소한 두 가지 문제에 봉착했다. 인류가 한곳에 정착할 수 있었던 이유는 곡물의 경작과 동물의 사육이 가능해졌기 때문이다. 흔히들 신석기 혁명이라 부르는 것이다. 곡물은 특성상 노동집약적이기 때문에 곡물의 생산성은 인간 집단의 크기에 비례하여 커지게 마련이다.

단일 작물을 대규모로 경작하면 인간의 입으로 들어가는 식재료의 종류가 제한된다. 특정한 영양소가 부족할 수 있다는 의미이다. 또한 가축에서 인간 혹은 인간에서 인간으로 이어지는 감염성 질환의 빈도가 늘어날 수도 있다. 여기서는 전자와 관련해서 영양소 부족에 의한, 즉 비타민 문제에 대해 얘기하겠다.

주식으로서 현재 세계에서 가장 많은 생산량을 자랑하는 작물은 무엇일까? 밀? 쌀? 아니 옥수수이다. 중남미가 원산이라는 옥수수는 단위면적당 생산량이 높고 지방도 많이 포함하고 있다. 수확기간이 짧은 것도 척박한 환경에서 잘 자라는 것도 장점에 속한다. 그렇지만 단점이 없지는 않다. 옥수수는 지력을 엄청나게 소모한다. 혹시라도 옥수수의 뿌리를 살펴보면 이 말을 바로 실감할 수 있을 것이다. 사람 키보다 높이 자라는 옥수수의 광합성 효율은 엄청나게 좋다. 이 말을 깊이 파고들면 이산화탄소를 고정하는 방식의 차이를 설명해야 하지만 여기서는 간단하게 옥수수가 고온과 건조한 기후에 적응한 식물이라고만 해두자.

화전을 일구며 옥수수를 주식으로 했던 마야나 잉카인들이 절명하게 된 이유 중 하나가 땅의 황폐화 때문이라는 말이 나올 정도로 옥수수는 식탐이 크다. 그러나 아메리카 인디언들은 나름대로의 방식을 찾아냈다. 옥수수를 지지대로 삼아 한편에 콩을 심고 다른 한편에는 호박을 심는 방식을 찾아낸 것이다. 콩의 뿌리에 동글동글 매달린 혹에 사는 세균은 토양에 질소를 공급하고 너른 호박잎은 잡초가 자랄 빛을 차단하는 세 식물 공조체계를 이룬다. 그래서 인디언들은 이 방식을 세 자매 농법이라고 불렀다.

이제 영양소 측면에서 옥수수를 살펴보자. 옥수수는 트립토판을 포함하는 필수 아미노산의 함량이 매우 낮다. 또 나이아신niacin이라고 부르는 또 다른 비타민 B의 부족을 초래하기 쉽다. 마야인들은 자신들만의 독특한 조리법을 통해 이 문제를 해결했다. 닉스타말화nixtamalization라는 가공법으로, 옥수수를 석회수와 함께 찌는 것이다. 알칼리 석회수는 평소 같으면 옥수수에서 잘 빠져 나오지 않는 영양소가 쉽게 추출되도록 돕는다. 풍미를 높이고 곰팡이의 감염도 줄인다고 한다. 마야인들은 그렇게 삶은 옥수수를 말려 가루를 내 토틸라 같은 음식을 해 먹었다.

그러나 문제는 유럽인들이 옥수수를 훔쳐 가면서 발생했다. 15세기 콜럼버스가 스페인으로 옥수수를 전할 당시 옥수수는 수확량이 좋았기 때문에 아프리카, 인디아로 퍼져 나갔다. 그렇지만 옥수수를 알칼리 처리하는 과정이 생략되었기 때문에 영양의 불균형이 광범위하게 나타났다. 옥수수는 훔쳐가면서 닉스타말화는 빼먹은 탓이었다. 19세기에 펠라그라라고 하는 증세가 프랑스, 이탈리아, 이집트를 덮쳤다.

125불로 남은 사내

옥수수가 점령한 지역에 펠라그라가 광범위하게 퍼져나갔지만 그 수수께끼가 밝혀진 것은 20세기에 들어서이다. '거칠어진agar 피부pelle'라는 의미의 펠라그라는 스페인의 카잘(Gaspar Casal, 1681~1759)이라는 사람이 처음으로 명명했다. 북한에서도 펠라그라 환자가 많다고 한다. 이들도 옥수수를 주식으로 하기 때문이다. 특히 어류를 많이 먹는 바닷가 근처 사람들에게서 자심한데 물고기에도 나이아신이라는 비타민이 충분치 않기 때문이다. 어쨌든 펠라그라는 세 가지 'Ds' 증세를 나타낸다, 피부염dermatitis, 설사diarrhea, 치매dementia다. 이런 증세가 나타났는데도 별다른 대책을 세우지 않으면 4~5년 안에 죽음을 맞게 된다.

유럽인이나 미국인들은 펠라그라가 옥수수에 들어 있는 독소 혹은 옥수수를 통한 감염 등으로 일어난다고 의심했지만 결국 단서는 바로 닉스타말화에서 나왔다. 옥수수를 주식으로 하는 멕시코인들은 펠라그라병에 잘 걸리지 않는다는 사실을 알게 된 것이다. 닉스타말의 화학적 의미를 이해한 뒤에야 비로소 미국인들은 나이아신과 트립토판의 중요성을 깨닫게 된 것이었다. 미국의 의사인 조셉 골드버거(Joseph Goldberger, 1874~1929)는 1913년부터 죽을 때까지 인간의 펠라그라와 개의 검은 혀(나이아신이 부족하면 개의 혀가 검게 변한다) 증세가 니코틴산과 나이아신을 투여하면 치유된다는 사실을 연구했다.

골드버거도 지금은 슬로바키아인 오스트리아 헝가리제국 출신이다. 어려서 가족을 따라 미국으로 이민을 와서 뉴욕에 정착했다. 처음에는 공과대학에 입학했지만 나중에 의학으로 경로를 바꾸었다. 의사로서 반복되는 삶은 그의 과학적 열정을 잠재웠다. 무기력을 벗어나기 위해 그는 역학 조사단에 참여하여 멕시코, 푸에르토리코, 미시시피와 루이지애나를 방문했다. 당시에 그는 공중 보건성 소속으로 황열병, 장티푸스, 뎅기열 등과 싸우는 방법을 찾고자 고심했다. 그 과정에서 골드버거는 기생충 관련 질병에 관한 논문을 쓰기도 했다. 그렇지만 그는 과거 피르호가 그랬던 것처럼 이런 감염성 혹은 기생충 관련 질병이 궁핍한 생활과 관련된다는 생각을 굳혔다. 펠라그라도 그랬다.

1914년 군의관 대장이었던 루퍼트 블루가 펠라그라를 조사하기 위해 골드버거를 찾았다. 멕시코와 푸에르토리코를 방문해서 그 지역 원주민을 살폈던 골드버거는 당대의 사람들과 달리 펠라그라가 음식과 관련되어 있다는 확신을 가졌다. 몇 년에 걸쳐 죄수를 대상으로* 한 실험을 통해 옥수수를 주식으로 하면서 영양 상태가 좋지 않은 사람들이 펠라그라에 잘 걸린다는 사실을 확인했다. 세심하게 실험했지만 사회적으로나 정치적으로 반응은 냉담해서 연구를 더 진척시킬 만한 경제적 도움을 많이 받지 못했다.

1937년에 콘라드 엘베젬(Conrad Arnold Elvehjem, 1901~1962)이 나이아신과 필수아미노산인 트립토판의 부족이 펠라그라의 원인이라는 사실을 최종적으로 밝혔다. 골드버거는 노벨상에 다섯 번이나 추천을 받았지만 결국 수상하지 못했다. 그나마 다행인 것은 그의 공적을 알아차린 연방 정부에서 그의 부인에게 월 125불씩 연금을 제공했다는 점이다.

처음에는 피부가 터지고 피멍이 들기도 하지만 펠라그라 증세는 빛을 받으면 더욱 심해진다. 뱀파이어가 되기 위한 첫 번째 조건이 성립된 것이다. 그리고 이들은 잠을 잘 못자고 공격성을 띠는 데다 근심이 많고 결국 치매에 이른다. 18세기 유럽 사람들은 이 증세를 뱀파이어의 전설로 만들어버렸다.

얼마 전 나도《산소와 그 경쟁자들》(지식을 만드는 지식, 2013)에서 뱀파이어 얘기를 한 적이 있다. 헴을 만드는 과정의 마지막 단계는

* 윤리적인 문제 때문에 지금은 불법적인 일이 되었지만 사람을 대상으로 하는 임상 실험에서 죄수, 정신병동 환자 혹은 군인들은 연구자들의 구미를 당기는 집단이었을 것이다.

포피린 소켓 상자에 철 전구를 끼워 넣는 것이다. 앞에서 두어 번 언급한 적혈구는 그 안에 오직 한 종류의 단백질만 가득 채운 별난 세포이다. 그 단백질의 이름은 글로빈이다. 이 글로빈 단백질 4분자가 결합하고 각각의 단백질에 헴 분자가 하나씩 끼어들면 헤모글로빈이 완성된다. 이런 헤모글로빈이 적혈구 한 개당 2억 개씩 들어 있다. 간단한 수학을 거치면 적혈구 한 개 안에 글로빈 단백질이 8억 개, 헴이 8억 개 들어 있다고 계산할 수 있다. 게다가 적혈구의 수가 인간 세포의 절반이 넘는다는 점을 감안하면 우리 신체가 매일 매 시간 얼마나 많은 양의 헴을 만들어야 하는지 또 얼마나 철을 중요하게 다루어야 하는지 실감하게 된다. 헴 안에 철이 들어 있기 때문이다. 골수에 있는 조혈모세포는 8단계를 거쳐 헴을 만들고 철을 끼워 넣는다. 이 과정에 문제가 생기면 헴의 전구체들이 단백질에 정착하지 못하고 혈액을 떠돌아다니게 된다. 이 전구체 물질들은 빛에 민감해서 광감작photosensitive 작용이 있다고 한다. 헴 합성에 참여하는 유전자에 문제가 있는 포피린증 환자들은 빛을 쬐면 따갑고 아프다. 증세가 더 심하면 신경계 쪽에도 문제가 생기고 송곳니가 튀어나온다.

정리하자. 이번 장에는 뒤에서 좀 더 자세히 살펴볼 비타민과 그 연구자들을 대략 살펴보았다. 노벨상은 인류의 삶을 획기적으로 개선하거나 자연의 비밀을 송두리째 밝힌 기초 과학의 성과에 주어진다. 어느 면에서 보면 이들은 과학적 '시대정신'의 담지자처럼 여겨지기도 한다. 이런 말은 과학에서 천재가 존재하느냐 아니면 지식이 어느 정도 축적되면 특별히 천재가 없어도 발견은 이루어지는 것이냐 하는 논쟁의 한 자락에 속한다. 프랜시스 베이컨은 '발견은 시간의 산물'이라면서 어떤 종류의 지식이 밀도 높게 축적되고 연구자들로 하여금 특수한 문제에 주목하도록 사회적 상황이 주어진다면 발견은 거의 불가피하게 일어난다는 투로 얘기하기도 하였다. 이 말은 특정 시기가 오면 온 들판에 민들레꽃이 피어나듯 동일한 발견이 동시에 일어날 수 있다는 의미를 지닌다. 그렇다고 해서 앞에서 서술한 과학적 천재들의 무게감이 줄어들지는 않는다. 예리한 정신의 소유자들인 이들 과학자들은 상당수의 다른 과학자들이 과학의 발전을 위해 집단적으로 기여할 수 있는 것과 기능적으로 동등한 몫을 '개인적'으로 해낼 수 있기 때문이다. 절대 온도로 우리에게 잘 알려진 캘빈 경(William Thomson, 1824~1907)의 논문을 분석한 바에 따르면 그의 논문 400건 중 다른 과학자들의 발견과 중복되는 것이 32건이었다고 한다. 이 말은 캘빈이 발견한 과학적 사실을 열역학의 거목인 클라우지우스(Rudolf J.E. Clausius, 1822~ 1888)도 발견했고 또 푸앵카레(Jules-Henri Poincaré, 1854~1912)도 발견했다는 뜻이다. 각기 다른 다수의 과학자들이 별도로 성취한 것을 한 개인이 일거에 해치웠다는 점에서 천재들의 존재 의미가 두드러지는 것이다. 어쨌든 과학자들의 사회는 축적된 지식을 자원으로 연구를 수행함으로써 과거에 함께 묶여 있는 일군의 집단들이다. 또 이들은 사회 혹은 인간 집단이 요구하는 특정한 관심사에 주목한다는 점에서 현재적 의미를 지니기도 한다. 다음 몇 장에 걸쳐 비타민 연구의 천재들을 쫓아가보자.

제3장

센트죄르지의 후예들

: 과학적 전통은 과학자의 자긍심에서 나온다

한반도에 38선이 그어지고 얼마 지나지 않은 1954년 6월 여의도 공항을 출반한 한국 축구 대표 팀은 일본 하코네 공항을 거쳐 헝가리에 도착했다. 6월 17일 헝가리와 경기를 치르기 10시간 전이었다. 어니스트 헤밍웨이(Ernest Miller Hemingway, 1899~1961)가《노인과 바다The old man and the sea》로 노벨상을 받은 바로 그 해였다. 대략한 나절 후 한국은 헝가리에게 9대 0으로 졌다.

헝가리는 한때(1867~1918) 오스트리아와 제국을 구성한 적이 있었다. 이 제국은 1차 세계대전이 끝나고 나서 해체되었고 유럽에서 두 번째로 넓었던 영토는 잘게 쪼개져 현재 동유럽* 국가들이 탄

* 우리는 헝가리를 동유럽으로 분류하지만 헝가리인들은 자신들이 중부 유럽인이라고 여긴다고 한다. 헝가리에서 사업을 해보려는 사람들을 위한 자료에서 얻은 정보이니 틀리지는 않을 것이다.

생하게 된 계기가 되었다. 헝가리는 인접한 독일과 러시아를 두려워했기 때문에 오스트리아와 연합했지만 역사 내내 다민족 공동체였고 항상 주변 국가들과 견제 속에서 생존해왔다. 산업 혁명 후 헝가리는 서유럽의 경제와 과학 기술을 따라잡으려 노력했지만 그리 만만치 않았다. 헝가리에 최초의 대학이 설립된 때는 중세 시대였던 1367년이었다. 주로 교회가 주축이 된 귀족 혹은 사제 중심의 교육이었다. 근대의 바람이 불면서 모든 국민을 대상으로 의무교육이 실시된 해는 1806년이다. 이후 여러 지역에서 대학이 생겼고 헝가리어를 사용하는 교육이 수행되기 시작했다. 20세기 초반 헝가리 출신 노벨상 수상자들의 행적을 보면 이들은 헝가리뿐만 아니라 오스트리아, 독일, 스웨덴에서 공부한 사람들이 많다. 육로를 통해 움직일 수 있는 나라들이거나 바다로 가더라도 멀지 않은 지역이다. 귀족 출신이어서 경제적으로 문제가 없던 사람들이라면 유럽 어디든 대학을 찾을 수 있었을 것이다.

갑자기 영화 얘기를 하면 다소 뜬금없지만 오스트리아-헝가리 제국과 관련된 유명한 영화가 하나 있다. 아마 많은 사람들이 지금도 기억하고 있을 것이다. 뮤지컬로 먼저 만들어졌다가 나중에 영화로 재탄생한 것이다. 〈사운드 오브 뮤직〉을 처음 본 것은 1978년, 내가 중학교 3학년 때이다. 응암동에서 녹번동 가는 중간에 있는 극장이었는데 잠깐 검색해보니 도원극장이었던 듯도 싶다. 담임이 음악 선생님인 덕에 50원 내고 단체 관람한 것이었다. 나중에 커서도 두어 번 본 영화였으니까 내용도 대충 기억난다. 영화에서 저음의 목청으로 노래 부르던 폰트랩 해군 대령은 오스트리아인이다. 여주인공 마리아와는 25살의 나이 차이가 난다. 오스트리아-헝가리 제국이 해체되기 전 폰트랩은 아버지의 뒤를 이어 해군에 들어가고 나중에 잠수함정을 이끌고 여러 차례 전쟁에 참여했고 혁혁한 전공을 세웠다고 한다. 폰트랩이 살던 집을 보면 짐작하겠지만 명문 귀족들은 가정교사를 들이고 음악과 예술, 스포츠, 문학, 역사, 과학, 법학 등 다양한 학문 분야를 가르쳤다.

20세기 초반 헝가리 최대의 도시인 부다페스트는 유럽에서도 가장 빠르게 번영하던 도시였다. 그 어느 도시 못지않게 부다페스트는 많은 수의 과학자, 예술가 및 백만장자를 배출했다. 헝가리 출신 노벨상 수상자 13명 중 일곱 명이 부다페스트 출신이다.

헝가리 출신 노벨상 수상자 중 가장 유명세를 탄 사람은 아마 알베르트 센트죄르지일 것이다. 노벨상 메달에 관한 센트죄르지의 일화를 보면 일반적으로 헝가리 과학자들이 어떤 생각을 하고 살았는지 어렴풋이 짐작할 수 있다. 헝가리는 내륙 국가이고 좌우남북으로 여러 나라와 국경을 맞대고 있다. 자신들의 세력이 강대하면 재화와 문명이 모여들지만 그 반대라면 약소국으로서의 설움을 감내해야 했을 것이다. 약소국으로써 세계열강들의 침탈에 시달린 조선이 식민지로 전락하면서 수탈을 당해야 했던 한국의 근대사와는 사뭇 달랐다고 볼 수 있다.

1937년 센트죄르지는 스톡홀름으로 가서 직경이 6.6센티미터에 208그램인 순금 메달을 받았다. 메달은 잘 보관하고 있었지만 상금으로 받은 돈은 모조리 탕진해버렸다. 2차 세계대전이 발발했기 때문이다. 센트죄르지는 투자를 해서 그 이자로 평화를 위해 그 돈이 사용되기를 바랐다고 나중에 회고한 적이 있다. 1939년 소련이 핀란드를 침공하자 센트죄르지는 그 메달을 핀란드 국가에 제공해버렸다. 소신에 찬 정치적인 행위였지만 헝가리로 볼 때 국가의 보물이 나라를 벗어나 녹아버릴 지경에 이른 것이다. 그래서 나중 헝가리 국립박물관장이 된 이스트반 지치(István Zichy, 1879~1951)는 핀란드 대사였던 오니 칼라스와 헬싱키에서 회사를 운영하던 빌헬름 힐버트의 도움을 얻어 그 메달을 되사들이고 1940년 그것을 헝가리 국립박물관에 기증했다. 1993년 그 메달은 센트죄르지 탄생 100주년을 맞이하여 대중에게 공개되었다.

헝가리 출신 노벨상 수상자는 경제학 분야에서 한 명, 평화상 한 명이고 나머지는 모두 과학과 의학 분야 출신들이다. 물리학 분야가 넷, 화학과 의학이 각각 세 명씩이다. 그리고 2000년대 들어 문학상을 한 명 더 배출했다. 과학 분야에서 단연 두각을 나타낸 것이다. 헝가리 출신 과학자들은 르네상스적인 인물들이 많다. 과학의 여러 분야를 섭렵한 학자들이 많고 그것이 일반적인 기조였다는 의미이다. 센트죄르지만 보아도 의학을 공부했지만 화학을 거쳐 최종적으로 물리학에 발을 내렸다. 귓속 달팽이관을 연구해서 노벨 생리의학상을 받은 게오르크 폰 베케시(Georg von Békésy, 1899~1972)는 정확히 반대의 길을 밟았다. 과학계 분야 간 왕래가 잦다는 말은 교육 체계가 자유롭다는 의미이다. 다시 말하면 과학계가 열린 마음을 가지고 다른 분야의 성과를 받아들일 너그러운 소통의 자세를 견지한다는 말이다.

센트죄르지는 평생에 걸쳐 생명과 생명의 정수를 찾는 노력을 기울였다. 그는 산화환원 반응으로 대표되는 세포 내 물질 대사, 센트죄르지-크렙스 회로의 발견, 근육의 수축을 연구했고 나중에 미국으로 이민 가서 암 연구를 계속할 수 있었던 것도 모두 이런 다각적인 공부 이력과 일관된 목표를 이어갈 수 있었기 때문이었다. 재미있는 사실은 다수의 헝가리 과학자들이 헝가리를 떠나 미국이나 타국에 자리를 잡았다는 점이다. 정치적인 혼란 때문이었겠지만 헝가리로서는 손실이었을 것이고 미국은 덕을 입었을 것이다. 이들이 비록 다른 국적을 취득했어도 헝가리 시절을 그리워하고 행복했던 때로 기억한다는 점도 흥미롭다. 사실 스스로를 디아스포라라고 칭하는 사람들은 떠나올 당시의 상황에서 고국에 대한 더 이상의 기억을 멈춘다. 몇 년 전 가족들과 플로리다 한국 음식점을 가서 보고 나는 음식점 주인이 1970년대 중반에 도미했다는 사실을 바로 알아챌 수 있었다. 그 정도로 그 느낌은 강렬한 것이다.

디아스포라는 그리스어로 '흩뿌리거나 퍼트리는 것'을 뜻한다. 특정 인종ethnic 집단이 자의적이든지 타의적이든지 기존에 살던 땅을 떠나 다른 지역으로 이동하는 현상을 일컫는 말이다. 시리아, 아일랜드, 그리고 많은 한국의 과학자들이 고국을 떠났다. 20세기 초중반 헝가리의 상황은 시간이 지날수록 나아지는 게 많지 않았다.

역시 부다페스트에서 태어난 베케시의 이력도 상당히 흥미롭다. 베를린 · 부다페스트 대학을 졸업한 베케시는 약 20여 년 간 부다페스트의 헝가리 우체국 연구소에서 근무하다가 전기 통신 기술을 연구하기 위하여 베를린의 지멘스 중앙 연구소에 들어갔다. 장거리 통화의 문제에 관한 연구를 하던 베케시는 연구 주제를 귀의 음향 전달 기구로 방향을 틀고 새로운 연구를 시작했다. 물리학자로 시작한 연구가 인간 생리학에 이르게 된 것이다. 베케시는 달팽이관이 위치에 따라 다른 주파수의 소리를 감지하는 청각기관의 구조를 연구한 공로로 1961년 노벨 생리 의학상을 수상했다. 소리라는 물리적인 현상은 그것을 전달하는 통신 장치, 그리고 듣는 귀의 생물학 모두가 관계하는 것이다. 음악을 이해하기 위해서 물리학 생물학, 의학을 두루 아는 것이 꼭 필요하다고 할 수는 없겠지만 난청을 치료하기 위해서라면 상황은 달라지지 않겠는가?

매우 조심성이 있고 세심한 관찰력을 가진 베케시는 쥐에서 코끼리에 이르는 귀속 달팽이관을 모조리 검사했다고 한다. 노벨상 수상 강연에서 베케시는 '이과학Otology의 아버지'로 1914년 노벨 의학상을 받았던 로베르트 바라니(Robert Bárány, 1876~1936)를 언급했다. 헝가리 출신으로 두 번째 노벨상을 수상한 과학자이다.

헝가리 이과학의 전통은 19세기까지 거슬러 올라간다. 눈의 움직임 반사가 귀속의 미궁 같은 체계와 관계가 있다는 실험을 수행했던 안드레 호기스(Endre Hőgyes, 1947~1906)가 있기 때문이다. 로버트 바라니는 오스트리아 비엔나 대학에서 의학을 공부하고 독일로 가서 이과학-신경과학-정신의학을 더 공부했다. 다시 비엔나 이과학 팀으로 합류한 바라니는 아주 단순한 임상 관찰을 토대로 평형과 관계된 달팽이관 내부 기관의 기능을 밝혀냈다. 환자의 귀를 씻을 때 가끔 그들이 현기증을 느낀다는 점을 바라니는 놓치지 않았다. 그러나 미지근한 물로 씻는 경우에는 그런 현상이 관찰되지 않았다. 차갑거나 뜨거운 경우에만 그런 현상이 관찰되었다. 달팽이관에 인접하여 신체의 평형을 담당하는 기관이 세반고리관이라는 사실은 이런 임상적 관찰에서 비롯되었다. 고리관을 돌아가는 림프액의 온도가 37도였고 귀를 씻는 동안 이 액체의 온도가 변하면서 현기증을 유도한 것이었다. 현기증과 함께 눈동자가 매우 빠르게 진동하는 현상은 일종의 반사 작용이었다. 그러한 반사nystagmus

에 발견자인 바라니의 이름이 붙었음은 물론이다.

센트죄르지를 제외한 헝가리 노벨 의학상 수상자 두 명이 모두 귀와 관련된 매우 중요한 기관을 연구했다는 점을 보고 있으면 과학적 전통이란 것이 엄청난 힘을 갖고 있다는 느낌이 저절로 든다. 과학적 전통을 고수하는 힘은 결국 과학자의 자긍심에서 나온다고 해야 할 것이다. 과학자가 가지는 자긍심은 결국 과학자가 살고 있는 사회가 그들에게 부여하는 정서적 혹은 심리적 박수갈채이고 그들이 실험 과학을 계속할 수 있게 하는 원동력이 되는 것이다. 현재 헝가리는 소련의 간섭을 벗어나 서유럽 국가들과 긴밀한 관계를 유지하며 과거의 영광을 회복하기를 바라지만 정치적으로 불안정하다. '구 동구권의 우등생'이라고 불리기도 하지만 아직까지 경제적으로도 썩 만족할 만한 수준이 되지 못했다.

내가 미국 피츠버그 병원 호흡기 내과에 근무하고 있을 때 두 명의 헝가리 출신 의사를 만났다. 임상과 연구를 동시에 진행하고자 미국을 방문한 친구들이었다. 한 친구는 미국인과 결혼을 해서 결국 정착을 했지만 다른 친구는 연구를 접고 결국 의사로서 환자를 보는 길로 들어섰다. 이들이 미국에 오게 된 것은 주로 경제적인 이유였다. 막연히 이들이 훈족과 관련이 있고 된장 비슷한 먹거리가 있다는 얘기를 들어서 처음 만났을 때부터 그리 서먹하지는 않았다. 그러나 이들도 동양의 작은 나라에 대해서는 정보가 거의 없었다.

하루는 당시 피츠버그 다른 실험실에서 박사 후 연구원으로 있던 후배가 찾아왔다. 그래서 나는 라면을 끓이고(건물 한 켠에 식사도 하고 세미나도 하는 작은 방이 있었다)* 도시락을 반 덜어서 같이 먹었다. 함께 식사를 하던 중국과 헝가리, 미국인들은 아무 말도 하지 않다가 그 후배가 돌아가자 앞다투어 내게 물었다. "왜 네 밥을 나눠줘?" 음식물을 함께 공유하는 것이 매우 낯설었던 모양이었다. "원래 그래, 한국인들의 식사법이지." 그들이 이해하는 것처럼 보이지는 않았다. 내륙 국가인 탓에 아예 먹어본 적이 없는지 이들은 김 냄새를 좋아하지도 않았다. 먹어보라고 김을 한 장 주었더니 손톱만큼 뜯어서 혀끝에 대 보고는 '위어드weird'라고 외쳤다. 바로 쏘리라는 말을 하긴 했지만 나는 헝가리 사람들이 기본적으로 밉지 않다.

센트죄르지가 태어난 나라가 아니던가?

비타민 C: 신들의 탄수화물

센트죄르지는 부유한 가문에서 태어났지만 전쟁의 소용돌이에

* 이 책을 읽는 독자 중에 혹시 외국 실험실 생활을 할 분이 있을지 몰라 라면 끓이는 법을 소개한다. 끓는 물에 스프를 라면과 함께 넣어 끓이면 건물 전체에 냄새가 밴다. 따라서 스프는 맨 나중에 넣는다. 먼저 끓을 때까지 물을 전자레인지에서 돌린다. 다음에 라면 건더기만 넣고 1분 30초를 더 돌린다. 플라스틱 통을 조심해서(뜨겁다) 밖으로 내 놓은 다음 스프를 넣고 잘 섞어서 먹는다. 쫄깃한 라면을 선호하면 건더기 끓이는 시간을 단축시켜도 무방하다.

서 보따리를 여러 번 쌌고 스탈린과 같은 거물 정치인들을 만났으며 나치에 반대했다. 전쟁에 신물이 나서 자기 팔에 권총을 쏜 것으로도 유명한 센트죄르지는 생명을 이해하고자 노력했다. 물질에서 전자로, 궁극적으로는 자연계의 맨 바닥까지 가보려 했던 것이었다. 그러나 과학자로서 오랜 세월을 보낸 후 그는 이렇게 결론을 내린다. "자연은 끝 간 데가 없다. 거기에 기본적인 원칙이 있다면 그것은 조직화이다." 센트죄르지도 그렇지만 20세기 초반의 과학자를 보면서 항상 느끼는 사실은 이들이 화학적 지식으로 무장하고 생물학의 과정을 이해하려고 했다는 점이다.

생명을 이해하는 것은 곧 호흡을 이해하는 것이다. 사람이건 사람이 정기적으로 깎는 잔디건 모두 호흡을 한다. 센트죄르지가 아직 젊었던 시절 당시 학계는 둘로 나뉘어 호흡에 대해 격론을 펼치고 있었다. 세포의 호흡 효소에 대한 연구 성과로 1931년 노벨상을 수상한 오토 바르부르크(Otto Heinrich Warburg, 1883~1970)와 담즙산 연구로 1927년 노벨상을 받은 하인리히 오토 빌란트(Heinrich Otto Wieland, 1877~1957)가 그 주인공이었다. 나중에 센트죄르지와 함께 구연산 회로를(센트죄르지-크렙스 회로라고 불린다) 발견한 한스 크렙스(Hans Krebs, 1900~1981)도 바르부르크 실험실에서 함께 연구했다. 호흡과정에서 바르부르크는 산소의 활성에 빌란트는 수소의 활성이 전부라고 맞섰지만 센트죄르지는 두 가지가 다 옳다고 보았고 실험적으로 두 가설을 통합했다.

산소의 활성을 억제하기 위해 바르부르크는 일산화탄소를 사용했지만 센트죄르지는 청산칼륨을 사용했다. 청산칼륨은 내가 어릴 때 사냥꾼들이 꿩을 잡을 목적으로 쓰던 물질이며 산소가 헤모글로빈에 결합하는 것을 억제한다. 일산화탄소 혹은 청산칼륨 모두 헤모글로빈 혹은 단백질의 안쪽에 위치한 헴이라는 물질에 강하게 붙어서 떨어지지 않는다. 바로 이 조건에서 수소를 공여하는 물질을 집어넣고 호흡이 일어나는지 확인한 것이다. 센트죄르지는 실험을 반복하고 그 안에서 관찰되는 '세밀함'에 신경을 많이 썼다. 바로 이런 실험을 거쳐 그는 구연산 회로의 기본적인 특성을 이해했고 나중에 크렙스가 그 회로를 완성했다.

에너지 측면에서 호흡을 이해할 때 우리는 자유 에너지라는 용어를 사용하고 계곡을 연달아 내려오는 폭포에 그 과정을 비유한다. 화학적 측면에서는 전자와 양성자의 움직임에 초점을 맞춘다. 후자가 바로 센트죄르지가 했던 일이다.

센트죄르지가 활동하던 당시 과학계는 식물을 두 가지로 분류했다. 그들이 주로 가지고 있는 효소를 통해서다. 한 가지는 카테콜/카테콜 산화효소이고 다른 하나는 과산화효소를 다량 함유한 식물들이다. 깎은 사과가 얼마 지나지 않아 갈색으로 변하는 현상은 누구나 목격했을 것이다. 자른 아보카도 표면에 레몬주스 몇 방울을 떨구는 이유는 무엇일까? 식물은 위에서 언급한 두 가지 효소를 가지고 있지만 차나 담배 잎에는 카테콜 산화효소가 많다. 카테콜이 산화 효소에 의해 산소와 반응하면서 멜라닌을 만들어 갈색으로 사과의 표면이 변색되는 것이다. 센트죄르지는 과산화효소를 심도 있게 연구했다. 벤지딘이라고 하는 물질이 과산화효소에 의해 산화되면서 발색하기 때문에, 반응이 진행되는지 쉽게 눈으로 혹은 분광 광도계로 판별이 가능했던 것이다. 식물 추출물과 정제한 과산화효소 두 시료를 가지고 실험하던 중 센트죄르지는 이상한 현상을 발견했다. 여러 번 반복해도 결과는 똑같이 나타났다. 정제된 과산화효소를 이용하면 벤지딘이 즉시 변색을 하는 반면 식물 추출물은 일정한 시간이 지나야 발색이 개시되곤 했다.

과산화효소가 매개하는 반응은 산화환원 반응이다. 벤지딘이 산화되는 것을 억제하는 뭔가가, 다시 말하면 산화 과정을 늦추는 강력한 환원제가 식물 추출물에 들어 있을 것이라고 가설을 세운 센트죄르지는 그 물질을 찾는 데 몰입했다. 우여곡절을 겪긴 했지만 한참 지나 그 물질은 결국 비타민 C로 판명되었다.

센트죄르지는 살아 있는 물질(식물이나 근육)을 실험하는 것을 선호했다. 반복되는 실험에서 예측하지 못한 뭔가가 관측되면 그것을 물고 늘어지는 방식을 좋아했다. 사실 비타민 C도 그런 방법론을 통해 탄생한 것이다. 반복되는 관찰의 힘은 집으로 돌아간 그의 머리를 상상 속으로 내몰았다. 사실 세계대전 중 그가 정치적인 소용돌이에 휘말리지 않았더라면 이런 행위는 평생 반복되었을지도 모른다. 센트죄르지가 말했던 것처럼 모두가 같은 곳을, 다시 말하면 평범하게 반복되는 일상을, 다른 시각에서 바라보는 관찰이 새로운 발견의 시작이다. 그것이 관찰의 힘이다. 관찰이 사려 깊은 통찰로 변하는 과정에는 질문이 동반된다. '무엇이 저런 일을 가능하게 했을까?' '저 방법 말고 다른 해결책은 없을까?' 등 질문을 스스로에게 던져보는 것이다. 습관처럼. 자연과 세상은 질문으로 가득 차 있다.

비타민 C가 비타민인 줄 알지 못했지만 센트죄르지는 그 물질이 강력한 환원제임을 알았다. 산소와 반응하여 산화된 물질을 원상태로 돌릴 수 있다는 의미이다. 이는 못으로 긁힌 차 표면이 갈색으로 녹스는 것을 예방한다는 것과 화학적으로 똑같은 말이다. 그렇기 때문에 센트죄르지는 그 물질이 부신에도 있으리라 가정했다. 그리고 그 가정은 틀리지 않았다. 나중에 살펴보겠지만 비타민 C는 동물의 부신뿐만 아니라 식물에서도 산화제로서 제 소임을 다한다.

이상의 연구는 모두 네덜란드에서 수행된 것이다. 레이든에 새롭게 부임한 연구 소장은 심리학자여서 화학에도 센트죄르지 연구 주제에도 전혀 관심이 없었다. 그는 짐을 싸야만 했다. 낙담에 빠진 센트죄르지는 식구를 헝가리로 보내고 과학과의 마지막 작별 여행으로 스톡홀름에 갔다. 국제 생리학 심포지엄에 참석하기 위해서였다. 거기서 그는 운명적으로 홉킨스를 만났다. 그는 홉킨스의 제자는 아니었지만 이 만남은 센트죄르지 인생의 새로운 전환점이 된다. 발표 도중 홉킨스가 센트죄르지의 이름을 세 번씩이나 거론했기 때문이다. 과학에서 동료에게, 특히 홉킨스와 같은 대가에게 인정받는 일이 얼마나 큰 힘을 갖는지 반증하는 사건이 벌어졌다. 최대한 용기를 낸 헝가리의 젊은 연구자가 홉킨스에게 말을 건넸다. 그는 록펠러 펠로십의 지원을 받을 수 있게 도움을 주겠노라고 약속했다. 실험에 관한 대화를 한 번도 나눈 적도 없고 다만 홉킨스의 강연을 한두 차례 들었을 뿐인 센트죄르지는 모든 것이 의아했지만 펠로쉽 지원을 받게 되었다. 케임브리지에서 '그 환원제' 결정을 확보한 센트죄르지는 그간의 결과물을 정리하여 생화학 저널에 보냈다. 당시 센트죄르지가 알고 있던 사실은 환원제가 당과 비슷하다는 것이었다. 그래서 그는 논문에 그 물질의 이름을 '이그노오스(아무도 모르는 당)'라고 적었다. 젊은 과학자의 젠체하는 유머가 맘에 들지 않았던 저널의 편집자는 명명을 다시 하라고 연락을 보내왔다. 센트죄르지는 다시 '갓노오스(신만 아는 당)'라고 보냈다. 이번에는 조금 엄포조로 고치라고 다시 연락이 왔다. 헥수론산이라고 이름을 바꾸고 나서야 비로소 논문이 통과되었다.

파프리카와 자색 반점

당시 센트죄르지가 마주했던 문제는 부신 말고는 헥수론산을 다량으로 분리할 재료가 없었다는 데 있다. 그래서 미국 미네소타 마요 클리닉 근처 성 폴 도살장에서 소의 부신을 얻고 1년 동안 거기서 헥수론산 25그램을 얻어서 영국으로 돌아왔다. 그는 그 물질 대부분을 탄수화물 전공 화학자인 하워드에게 보내 성분 분석을 의뢰했다.

1932년 헝가리 교육부 장관이 과학을 현대화할 요량으로 센트죄르지를 불렀다. 헝가리로 돌아간 그는 역시 호흡과정의 산화환원 반응에 관여하는 리보플라빈을 분리했다. 얼마 지나지 않아 그에게 행운이 찾아왔다. 미국 태생 헝가리 젊은 과학자인 스위벨리(J. Swibely)가 그의 실험실에 합류한 것이다. 그는 미국에서 비타민 C의 활성을 동물에서 조사한 이력을 가지고 있었다. 센트죄르지는 헥수론산이 비타민 C일 것이라고 추측했지만 비타민 자체를 이론적으로 좋아하지는 않았다. 왜냐하면 비타민은 성장과 생존에 꼭 필요한 것이며 먹어야 하는 것이기 때문이었다. 입으로 먹어야 하는 것은 '요리사'의 영역이지 과학자의 그것은 아니라고 보았기 때문이다.

스위벨리가 실험에 착수한 지 두 달이 되지 않아 헥수론산이 비타민 C와 동일한 물질임이 밝혀졌다. 의심할 여지가 없었다. 헥수론산은 아스코르빈산이 되었다.

비타민 C의 정체는 밝혀졌지만 이 물질을 풍부하게 함유하는 것이 '뭔가' 하는 문제가 아직 해결되지 않은 상태였다. 헝가리에는 실험하기에 충분한 만큼 소의 부신도 없고 마땅히 대규모로 비타민 C를 분리할 재료가 없는 상황이었다. 지금도 그렇지만 당시 헝가리는 파프리카 고추의 세계적 생산지였다. 어느 날 저녁 식탁에 파프리카가 나왔다. 내심 식사가 맘에 들지 않던 센트죄르지는 고추를 먹지 않을 방도를 모색했다. 바로 그 순간 그는 파프리카를 실험에 한 번도 사용하지 않았다는 사실을 새삼스럽게 깨달았다. 저녁도 거른 채 그는 바로 실험실로 돌아갔다.

의외의 놀라운 결과가 나왔다. 파프리카 1그램에 1밀리그램의 비타민 C가 함유되어 있었다. 0.1퍼센트에 해당하는 양이다. 이 결과에 대해 센트죄르지는 좀 허풍스러워 보이기는 하지만 이런 식의 논평을 했다.

"발견은 준비된 마음과의 우연한 만남이다."

센트죄르지는 비타민 C를 전 세계로 뿌렸다. 당시 피부 아래 출혈 때문에 생기는 보랏빛반점(자반)을 치료하는 데 비타민 C를 사용했고 치료 효과가 뛰어났다. 이 과정에서도 그는 새로운 물질을 발견했다. 불순한 비타민 C가 정제한 비타민 C보다 치료효과가 더 나았기 때문이다. 불순한 비타민 C 혼합액에서 센트죄르지는 식물성 색소를 찾아내고 플라본flavone이라고 불렀다. 플라본은 탄소 15개를 기본 골격으로 고리가 세 개인 화합물이다. 육상에서 살아가는 거의 모든 식물에서 발견되는 물질인 데다 산화환원 반응에 관여하기 때문에 태양에서 유래하는 자외선을 막기 위해 진화된 화합물이라고 간주된다.

이런 일도 있었다. 센트죄르지의 회고록에 실린 말이다.

모세혈관의 출혈로 고초를 겪는 오스트리아 동료로부터 편지를 받았다. 그는 자신의 병을 치료하기 위해 아스코르빈산을 섭취하려고 맘먹었다. 당시 나는 충분한 양의 아스코르빈산을 갖고 있지 않았기에 야채전의 파프리카를 먹으라고 조언했다. 내 말대로 그는 파프리카를 섭취하고 상황이 많이 좋아졌다. 훗날 내가 친구인 루스니크와 함께 실험실에서 만든 아스코르빈산(합성 비타민 C)으로 출혈성 소질을 치료하려고 했으나 결과가 신통하지 못했다. 파프리카를 통해 치료가 가능했던 것은 자연의 비타민이었고 그 안에 불순물로 존재하던 다른 보조인자들이 함께 작용을 했음이 틀림없다.

근육을 움직이는 데 ATP가 필요하다

센트죄르지가 자신의 실험을 허투루 하지 않는다는 증거는 여기저기에서 찾아볼 수 있다. 근육 실험에서도 마찬가지였다. 처음 해보는 실험에 착수할 때 보통 우리는 선배 과학자의 실험을 반복해본다. 따라서 도서관에 보관된 기존 문헌을 조사하는 것은 필수적인 작업이 된다. 이런 작업은 과거로부터 배운다는 과학계의 관례를 따를 뿐 아니라 사전에 남들이 가지 않은 길을 닦고 그것을 기록으로 남긴 선배 과학자들에게 존경을 표시하는 행위이기도* 하다. 그는 100년도 더 된 실험법을 써서 근육에서 미오신 단백질을 추출했다. 그런데 추출 시간이 길어지면 단백질 추출액이 점점 더 끈적끈적해지는 것이었다. 연구원의 도움을 받아 센트죄르지는 그것이 액틴 단백질 때문임을 알았다. 나중에 그는 근육 연구의 선구자였던 H. H. 웨버(Hans Hermann Webber, 1896~1974)와 얘기할 기회를 가졌다. 추출 시간이 길면 끈적끈적해진다는 말에 대해 웨버는 이렇게 대답했다. "그 현상은 나도 잘 알고 있어요. 그런데 나는 실험이 잘못되었다고 생각하고 개수대에 버렸는데."

센트죄르지는 액틴이나 미오신과 같은 수축성 단백질은 그것이

* 지금은 구글링googling을 해도 논문을 손쉽게 찾을 수 있다. 그만큼 길을 앞서간 선배에 대한 고마움은 경감되었다고 볼 수 있다.

어디 있든 수축해야 한다고 생각했다. 그래서 그는 끓인 근육의 추출액을 여과하여 액틴과 미오신 복합체에 집어넣었다. 너무 당연하게 수축 단백질은 수축했다. 근육 추출액을 끓이면 원래 단백질들이 변성이 일어나기 때문에 온도에 잘 버티는 물질만이 활성을 잃지 않는다. 열에 의해 변성된 단백질을 여과한 추출액을 실험에 사용하기 때문에 이런 접근 방식은 단백질 성분이 아닌 화합물의 효과를 조사할 때 흔히 사용된다. 센트죄르지가 끓인 근육의 추출 여과액에는 ATP와 마그네슘을 포함하는 몇 가지 이온이 들어 있었다.

이런 방식으로 그는 실험을 계속했다. 히틀러가 집권하면서 상황이 나빠지자 센트죄르지는 시험관 대신 정치인을 만났다. 러시아, 헝가리, 터키를 떠돌다가 그리고 마침내 그는 미국에 정착했다.

지금 우리는 근육이 움직일 때 ATP를 사용한다는 사실을 잘 알고 있다. ATP는 단일 화합물로서 물 다음으로 우리 몸에 풍부한 물질이다. 하지만 그 풍부함은 이 물질이 끊임없이 ADP로 변하면서 인산을 주고받는 반응에 관여한다는 점을 고려하면 놀라움으로 변한다. 잠깐 숫자를 살펴보자. 현대판 백과사전인 위키피디아에 따르면 인간의 신체에는 0.2몰의 ATP가 들어 있다. 분자량이 507.18이지만 편의를 위해 500이라고 하자. 이 말은 아보가드로 수(6×10^{23})만큼의 ATP분자의 질량이 대략 500그램이라는 뜻이다. 화학적인 정의가 그렇다. 그렇다면 0.2몰의 ATP 숫자는 1.2×10^{23}개이다. 여기서 숫자는 중요하지 않다. 왜냐하면 인간이 하루에 사용하는 ATP의 양은 100~150몰에 해당하기 때문이다. 앞에서 사용한 질량으로 환산하면 우리는 매일 50~75킬로그램(킬로그램 맞다)에 이르는 ATP를 만들어내야 한다. 물론 ADP ↔ ATP 회로를 돌려서 말이다. 인간은 하루에 저 회로를 500~750차례 돌린다. 이 자체로도 인간은 어마어마하게 거대한 생화학 공장이다.

제4장

콜레스테롤 형제들

: 가장 먼저 증명하기 위한 치열한 레이스

〈JCI(임상 연구 저널, The Journal of Clinical Investigation)〉는 의학과 기초 과학을 연결하는 걸출한 잡지에 속한다. 1985년 콜레스테롤 연구로 노벨상을 받은 미국의 분자 유전학자 조지프 골드스타인(Joseph Goldstein, 1940~)은 '좌절한 과학자 병적 증후군(Paralyzed Academic Investigator's Disease Syndrome)'이라는 과히 유행하지 못한 신조어를 만들어가면서까지 이 저널에서 과학자로서의 자질을 언급했다. 그는 하나의 유전자가 효소 하나와 연결된다는 가설을 확립한 생화학/유전학의 아버지인 영국의 아치볼드 개로드(Archibald E. Garrod, 1857~1936) 그리고 뒤에 소개할 카를 란트슈타이너(Karl Landsteiner, 1868~1943) 및 루돌프 쇤하이머(Rudolph Schoenheimer, 1898~1941)*를 예로 들면서 의학자가 과학에서 성취를 이루기 위해서는 기초 학문을 열심히 공부해야 한다고 강조하였다. 당연한 얘기다. 하지만 골드스타인은 여기에 더해 첨단 실험 기법에도 능해야 함을 강조했다. 화학적 분석 기법이건 혹은 동위원소를 사용한 추적법이건 미지의 분야를 개척하기 위해 필요한 기술적인 면에도 소홀하면 안 된다는 점을 누누이 밝혔다. 콜레스테롤 연구에도 X-선 촬영과 같은 첨단 연구 기법이 사용되었다.

앞에서 말했듯이 비타민이란 이름을 처음으로 사용한 사람은 풍크이다. 폴란드 출신으로 영국 리스터 연구소에서 일하고 있을 즈음이다. 이름이 암시하듯 비타민은 어떤 종류의 아민이 삶의 활력을 준다는 의미를 지닌다. 또한 아민은 아미노산이라는 말의 첫 부분과 화학적으로 의미가 같다.

1928년 노벨 화학상은 스테롤과 비타민의 관련성에 관한 연구를 수행했던 아돌프 빈다우스(Adolf Windaus, 1876~1959)에게 돌아갔다. 비타민에 관한 한 최초의 노벨상이었다. 노벨상은 빈다우스가 탔지만 그렇게 되기까지 비타민이라는 물질에 대해 상당한 과학적 성과가 축적된 상태였다. 미국과 영국, 독일의 과학자들은 매우 우호적인 협력을 펼쳐왔다. 이제 우리는 구루병이 비타민 D의 부족

* 우리 몸을 구성하는 단백질과 같은 구성 성분이 끊임없이 만들어지고 깨진다는 사실을 동위원소를 써서 증명하였다. 적혈구의 수명이 120일이라는 것도 동위원소 연구를 통해 알려졌다. 헴의 합성에 필요한 글리신이라는 아미노산에 동위원소를 붙여 그 물질을 추적할 수 있었기에 가능한 일이었다.

으로 뼈가 부실한 증상이라는 사실을 알고 있다. 아마 생물 수업시간에는 이런 식의 문제가 출제될 것이다. 다음 중 비타민 부족과 증세가 서로 잘 연결된 것은? 그러므로 학생이건 가르치는 선생님들이건 두음자를 따서 외워라 뭐 이럴 것 같다. 실제 내가 배운 방식도 마찬가지였다. 에이야, 비각, 씨괴, 디구루. 뭔지 알겠는가? 비타민 A가 부족하면 야맹증, B는 각기병, C는 괴혈병, D는 구루병. 잠깐 인터넷을 보니 사람 몸을 알파벳 A~E로 그려 놓은 것이 단연 많다. '한 문제는 거저먹고 들어가겠군' 생각이 들지만 좀 씁쓸한 느낌이다.

2016년 대입 시험을 앞둔 학생들이 과학 영역을 신청한 통계를 보면 생물이 가장 많고 물리가 가장 적다. 좀 더 난이도가 높은 과학영역 II로 오면 물리와 화학을 신청한 고등학생의 수가 각각 1퍼센트가 되지 않는다. 점수에 혈안이 된 학생들을 어찌 탓하랴. 다만 한숨이 나올 뿐이다. 한편으로 생각해보면 네 분야로 떨어져 있는 과학 분야를 통합해야 하지 않을까 생각이 든다. 콜레스테롤 화학을 식물 화학, 스테로이드 호르몬 생물학 혹은 내분비학과 분리해 생각할 이유가 도대체 어디에 있겠는가?

골격의 변화를 동반하며 다리가 굽어 오자 형이 되는 구루병은 오래 전부터 잘 알려졌다. 뼈의 발달과 유지에 문제가 생겼다는 뜻이다. 이 증세를 상세히 기술한 사람은 프랜시스 글리슨(Francis

Glisson, 1597~1677)이다. 인문학과 물리학을 거쳐 의학 수업을 받은 글리슨은 케임브리지에서 물리학 교수를 역임했다. 그렇지만 시민전쟁(The English Civil War, 1642~1651)이 발발하면서 다시 의사로 복귀했다. 글리슨은 구루병이 선천적인 것이 아니고 전염성도 없으며 매독에 기인한 것이 아니라는 사실을 알고 있었다. 어렴풋이 먹는 음식물과 관계될 것이라고 짐작할 뿐이었다.

빈혈 치료에 동물의 간을 사용한 연구가 노벨상을 받은 때는 1934년이다. 간이라는 조직은 그러나 구루병을 치료하는 데도 사용되었다. 어쨌건 17세기에 글리슨은 간의 외피, 즉 간을 둘러싼 얇은 껍질에 자신의 이름을 붙인 사람이기도 하다. '글리슨의 피막(Glisson's capsule)'이다. 글리슨이 구루병을 선천성, 전염성 혹은 매독과 관련성을 우선 따져본 일은 유럽 중세, 근세사가 세균과 전염병의 호된 곤욕을 치렀다는 역사적 사실과 맥락이 닿는다. 근세 철학의 개척자로 알려진 프랜시스 베이컨(Francis Bacon, 1561~1626)은 세계를 바꾼 발견의 힘과 미덕을 논하면서 인쇄술, 화약 그리고 나침반을 예로 들었다. 충분히 수긍이 간다. 그러나 최소한 생물학 분야에서 유럽의 과학이 주류로 올라선 까닭은 '작은 것'을 볼 수 있었던 사실 때문이다. 바로 세균이다. 현미경의 발명이야말로 수세기동안 유럽을 강타했던 흑사병, 매독, 천연두와 싸울 수 있는 근거, 다시 말하면 지피지기 할 수 있는 발판을 만들었던 것이다.

그렇기 때문에 글리슨이 전염성이니 매독이니 하는 말을 썼을 것이다. 비타민 연구가 한창이던 때는 질병의 원인이 세균 때문이냐 아니냐를 판단하는 것이 관건이었다. 그러므로 우선 음식물에 포함된 소량의 물질이 생명체의 발육이나 기형을 유발할 수 있는지를 증명하는 것은 늘 장벽에 부딪히고는 했다.

우선 구루병은 전염성이 없다는 사실이 잘 알려졌다. 그렇지만 민간전승 의약이 그렇듯이 당시 의사들은 구루병을 치료하는 데 간유cod-liver oil를 처방했다. 영어로 쓰인 본뜻을 살리면 간유는 대구의 간에서 얻은 기름이어야 한다. 그러나 실제로는 상어 혹은 명태의 간도 사용된다. 지금은 여기에 비타민 A와 D가 풍부하게 함유되어 있음을 알지만 경험적으로 간유는 야맹증과 구루병에 사용되었다. 보스턴 근교 케이프 코드라는 지명의 '코드'가 바로 대구를 의미한다. 지금은 대구 어장이 폐쇄되었지만 여전히 케이프 코드는 건재하다.

케임브리지 생화학 연구소의 핵심 인물인 홉킨스가 괴혈병이나 구루병을 예방하기 위해서 음식물의 중요성을 언급한 것은 1906년이었다. 그렇지만 최초로 구루병에 과학적으로 접근한 사람은 미국의 생화학자 엘머 매컬럼(Elmer McCollum, 1879~1967)이었다. 1914년 매컬럼은 비누화 반응을 하는 지방산을 제외한 버터의 지용성 성분을 분리하고 이 혼합물이 실험쥐의 안구 건조증을 완화시킨다는 사실을 알게 되었다. 그들은 이 물질을 지용성 요소 A라고 이름 붙였다. 나중에 비타민 A로 개명되었지만. 케임브리지 홉킨스의 제자인 멜란비(Edward Mellanby, 1884~1955)는 저지방 식이와 빵을 먹여서 강아지 뼈를 망가뜨린 다음 버터나 간유 등 지방 성분을 먹여서 구루병이 개선될 수 있음을 확인했다. 멜란비는 당시 최첨단의 도구인 X-선 촬영을 하고 뼈의 칼슘 양을 측정했으며 조직을 염색함으로써 강아지들이 보이는 뼈의 이상이 인간의 구루병과 유사하다는 결론에 도달했다. 에이크만이 닭을 가지고 실험했던 방법과 흡사한 것이었다. 그러나 에이크만과는 달리 효모 가루나(물에 녹는 비타민 B) 오렌지 주스(비타민 C)를 투여해도 구루병은 전혀 개선되지 않았다. 따라서 구루병을 치료할 수 있는 물질은 지용성 요소 A이거나 그와 비슷한 성질을 갖는 다른 어떤 것이어야 했다.

1차 세계대전 중 비엔나에서 매우 중요한 인간 실험이 수행되었다. 해리에트 칙(Harriette Chick, 1875~1977)과 그녀의 동료들은 구루병에 걸린 아이들이 우유나 간유를 먹고 치유될 수 있음을 밝힌 것이다. 1920년 홉킨스는 버터에서 분리한 지용성 요소 A가 공기 중에 방치하거나 가열하면 파괴된다는 점을 알았다. 19세기나 20세기 초반의 실험의 상당 부분이 열을 가하거나 태우는 과정을 포함하고 있음은 주지의 사실이다. 어쨌든 공기 중에 오래 방치하거나 가열한 버터의 지방은 쥐의 안구 건조증을 개선하지 못했고 쥐들은 두 달을 못 넘기고 모두 죽어버렸다.

1924년 매컬럼은 매우 획기적인 실험 결과를 발표했다. 버터나 간유를 산화시키거나 가열하면 안구 건조증은 개선할 수 없지만 구루병은 치료할 수 있다는 사실이었다. 지용성 요소 A가 아닌 어떤 물질이 뼈의 성장을 촉진할 것이라는 결과였다. 그러므로 지용성 요소 A는 안구 건조증을 낫게 하는 물질뿐만 아니라 뼈의 성장을 촉진하는 '다른' 물질도 가지고 있다. 생장에 필수적이며 물에 녹는 어떤 물질을 B라고 했고 괴혈병 치료 효과가 있는 물질을 C로 불렀기 때문에 매컬럼은 이 물질이 새로운 요소 D라고 말했다.

이와 같은 실험과는 전혀 딴판인 방법으로 구루병을 치료하는 사람들도 있었다. 신선한 공기와 함께 햇볕을 쬐는 것이 구루병을 예방하는 데 좋다는 사실을 사람들은 경험적으로 알았다. 1921년 헤스(Alfred Fabian Hess, 1875~1933)와 웅거(Lester J. Unger, 1899~1974)는 구루병이 계절적 편차를 보이는 이유가 일조량과 관련이 있다고 얘기했다. 앞에서 언급한 칙은 간유도 그렇지만 햇볕도 구루병을 치료할 수 있다고 말했다. 두 가지 사이에 어떤 관련성이 있는 것일까?

괴짜가 등장했다. 1919년 헐트친스키(Kurt Hultschinsky, 1883~1940)는 바닷가 혹은 산을 비추는 햇볕이 구루병에 효과가 있다면 인공 빛도 그래야 한다고 주장한 것이다. 그는 상황이 매우 심각한 구루병 아이들에게 수은램프에서 나오는 빛을 하루 건너 2~20분씩 쐬어주었다. 결과는 무척 고무적이었다. 아이들은 빛도 음식도 조절해야만 했지만 빛을 쬐는 동안 구루병은 현저하게 개선되었다. 과학자들은 이제 얼토당토않게 서로 다른 두 가지를 연결해야만 했다.

1924년 흄과 스미스는 인산이 결핍된 음식을 먹여서 쥐들의 뼈에 문제가 있게 만든 다음 쥐에게 직접 자외선을 쬐어주었다. 여기까지는 앞에서 얘기한 연구와 다름이 없다. 그런데 이들은 거의 '장난삼아' 쥐들을 꺼낸 유리 용기에도 자외선을 쬐어주었다. 결과는 놀라웠다. 흄과 스미스의 표현대로 '공기'에 자외선을 쬐었을 뿐인데도 쥐들의 뼈가 튼튼해진 것이다. 유리 용기 안에는 쥐들의 침대인 나무 깔집과 똥, 그리고 부스러기 음식물이 들어 있었다. 이것을 먹은 쥐들의 구루병이 나아진 것이다. 쥐는 자신이 배출한 똥 대부분을 되먹는다.

골드블랫(Harry Goldblatt, 1891~1977)과 솜스(Katharine Marjorie Soames)는 빛을 쬐인 간을 구루병이 있는 쥐에게 먹였다. 이와 별개로 또 다른 실험실에서는 지방산을 뺀 아마씨 기름에 빛을 쬐어도 구루병이 개선된다는 사실을 발표했다. 빛과 기름 성분이 드디어 랑데부를 치른 셈이었다. 식자재에 빛을 쬐여서 구루병을 낫게 할 수 있다는 결과는 공중 보건에서도 혁신적인 사건이었다. 우유에 빛을 쬐어 출시하기 시작한 것이다. 그렇지만 다시 생각해보자. 빛을 쬐지 않은 간유 혹은 버터지방 자체도 구루병을 낫게 하지 않았던가? 그래서 사람들은 아마씨 기름에 자외선을 쬐었을 때 활성을 띠게 되는 물질이 무엇일까 골똘히 생각하게 되었다.

식물에 함유된 스테롤이 처음 분리된 것은 1925년이다. 시토스테롤이라는 물질이다. 여기에 자외선을 쬐어도 구루병에 효과가 있었다. 이쯤 되자 사람들은 스테로이드 물질이 구루병과 관련이 있지 않을까 생각하기 시작했다. 그럼 콜레스테롤일까? 시토스테롤을 분리했던 헤스는 인간의 피부에 존재하는 콜레스테롤이 자외선에 의해 활성화될 것이라는 가설을 세웠다. 피부가 단순한 보호막 기능을 넘어서는 다른 뭔가를 할 수도 있겠다는 생각이 사람들 머릿속에 싹트기 시작했다. 이는 당시만 해도 획기적인 발상의 전환이었다. 뉴욕에 있던 헤스가 마침내 독일 괴팅겐에 있던 빈다우스를 찾아온다. 빛을 쬐었을 때 구루병을 치료하는 효과가 있는 스테롤 물질을 찾기 위한 공동 연구에는 영국 런던의 로젠하임(O. Rosenheim)도 합류했다. 화학적 기법이 동원된 공동 연구를 통해 이들이 찾아 낸 것은 콜레스테롤 자체가 아니라 콜레스테롤 유도체가 자외선의 영향을 받아 새로운 물질로 전환되어 구루병을 치유할 수 있다는 사실이고 그 물질의 이름을 비타민 D_3라고 불렀다. 이들 공동 연구진은 그들이 알고 있는 모든 스테로이드 유도체 물질을 전부 테스트한 다음 곰팡이가 만들어내는 에르고스테롤도 구루병을 치료할 수 있다는 사실을 알게 되었다. 과학자들이 공동 연구 조직을 구성하거나 적극적으로 공동 연구에 나서는 것은, 모여 있을 때 사람들의 재능이 배가되고 날카로워지며 '통찰력이 깊어지면서 사고가 정교해지기' 때문이다. 본성상 과학적 지식은 축적되는 것이고 누진적 성격을 띤다. 시대가 요구하는 특수한 문제에 공통된 관심을 가진 두뇌는 서로 모여야 시너지 효과가 생기는 것이다. 헤스와 빈다우스의 공동 연구는 바로 그런 지적 통합의 한 예를 보여주는 좋은 사례이다.

맥각은 호밀이나 밀, 보리 등 벼과 식물에 기생하는 곰팡이 균이고 곡식을 시커멓게 만든다. 유럽을 침공했던 나폴레옹의 50만 군대가 출정해서 겨우 5만이 살아 돌아왔을 때 병사를 죽음에 이르게 한 것은 추위만이 아니었다. 맥각에 포함된 맹독성 알칼로이드도 나폴레옹의 병사 상당수를 죽음에 이르게 했던 물질이었다. 하여튼 밀을 감염시켰던 저 곰팡이의 주된 스테로이드 성분인 에르고스테롤은 자외선을 받아 비타민 D_2가 된다.

비타민 D 공동 연구를 통해 노벨상을 받은 사람은 빈다우스뿐이다. 사실 노벨상 수상은 콜레스테롤의 분리와 구조에 부여한 것이었고 비타민 D는 거기에 부속된 것이었다는 것이 변명이긴 했지만. 허긴 빈다우스는 콜레스테롤과 담즙산의 관계를 정립한 사람이기도 했다. 앞에서 살펴보았듯 과학적 발견은 자주 중복으로 이루어진다. 우리는 콜레스테롤도 중요하지만 그것의 유도체인 담즙산, 비타민 D 및 성 호르몬 등이 하나같이 다 중요하다는 사실을 안다. 하지만 여기서 콜레스테롤의 구조에 대해서는 더 얘기하지 않겠다.

빈다우스는 나치의 유대인 축출에 대항해서 자신의 학생들을 지키려 최선을 다했고 살상용 가스를 만들라는 독일군의 협박에도 굴하지 않았다. 그의 도덕심은 결국 전시 독일에서 콜레스테롤 연구의 종말이라는 보상으로 이어졌다. 그는 은퇴하지는 않았지만 결국 연구를 접었다.

이누이트인의 피부는 어둡다

지금 적도 부근 나이지리아에 사는 가족이 북을 향해 움직이기 시작했다. 어찌어찌 해서 노르웨이까지 갔다고 해보자. 그들이 봉착하는 첫 번째 문제는 무엇일까? 추위 맞다. 추워서 사냥한 동물의 가죽을 두른다고 해도 살기는 무척 힘들 것이다. 동굴을 찾아서 불을 피우고 겨울을 넘겼다고 치자. 짧은 여름에는 뭐라도 해서 먹고 살아야 했을 것이다. 사실 이런 시나리오는 현실감이 떨어진다. 왜냐하면 식물처럼 그들도 정착하고 다시 떠나고 하는 절차를 밟았을 것이기 때문이다.

그렇게 한 가족이 또 자식을 낳고 자식이 그 자식을 낳고 해서 약 100세대 정도면 피부색을 바꿀 수 있다. 대충 한 세대를 25년으로 잡으면 2천 500년이 걸린다. 피부색 얘기를 하는 이유는 그것이 비타민 D와 밀접한 관련을 맺기 때문이다. 아까 콜레스테롤(정확히 콜레스테롤은 아니지만 그 형제뻘인)이 자외선을 받아 비타민 D_3로 전환된다고 말했다. 그리고 그 비타민은 뼈를 만들고 재생하는 데 사용된다. 적도 근처라면 쏟아지는 자외선의 양이 비타민 D를 만드는 데 필요한 양을 훌쩍 넘는다. 그래서 그들은 자외선을 차단하는 장치가 필요했다. 바로 멜라닌이다. 피부에서 멜라닌을 만들어내는 세포는 피부 세포 서른 개당 하나 꼴이다. 백인일지라도 멜라닌 세포의 숫자는 차이가 없다. 다만 그들은 멜라닌을 적게 만들 뿐이다.

빛과 관련해서라면 이글루를 지어 사는 알래스카 이누이트 부족의 피부색은 백인들처럼 하얀 색이어야 할 듯하다. 베링 해를 건너 아메리카 대륙으로 들어간 시기가 1만 년은 넘었다고 하니 이들이 햇볕에 적응할 시간은 충분했을 것이다. 그렇지만 이들의 피부는 여전히 어둡다. 왜 그럴까? 정답을 알고 있는 사람들이 있을 것이다. 앞에서 얘기했듯이 빛이 없다고 하더라도 간유를 먹으면 비타민 D 문제는 해결된다. 그렇다면 이누이트 인들은 뭘 먹고 살까? 바로 생선이고 또 북극에 사는 동물들인 순록이나 북극곰, 바다표범 등이다. 비타민 D는 그렇다고 쳐도 비타민 C도 부족하기 때문에 이누이트인들은 주로 사냥한 고기를 날로 먹는다. 동물성 식자재에 포함된 소량의 비타민 C는 열을 가하면 파괴되기 때문이다.

결국 비타민 D 이야기는 이누이트의 이야기이다. 또 태양빛은 식물에게만 필요한 것이 아니다.

에스트로겐과 과학 발견의 중복성

콜레스테롤은 비타민 D뿐만 아니라 성호르몬의 전구체이다. 이들 성호르몬의 구조는 7장에서 짐작할 수 있다. 185쪽 오른편 그림에 있는 란노스테롤이 좀 더 대사되면 그 유명한 콜레스테롤이 만들어진다. 콜레스테롤 구조에서 고리는 네 개가 있다. 화학자들이 약속한 대로 번호를 붙였을 때 5각형 고리 끝에 동그라미로 표시한 부분이 17번이다. 바로 이 자리에 붙어 있는 탄소 가지가 없거나 흔적만 남아 있는 것이 성호르몬의 일반적인 구조이다. 이곳에서 콜레스테롤 구조를 대대적으로 손본 것이다. 그 성호르몬 중에서 내가 실험 재료로 사용한 물질은 대표적인 여성호르몬인 에스트로겐이었다. 내가 박사학위를 받은 1998년의 일이다.

관례처럼 나는 박사후 연구자로서 국립 보건원에서 일하게 되었는데 당시 나를 지도한 멘토는 미국에서의 10여 년 생활을 정리하고 돌아온 신진 과학자였다. 원래 그는 적혈구 세포막에서 이온 채널을 연구한 사람으로서 물리학, 생물학의 접경 지역에서 훈련을 쌓았고 세포 생물학에도 정통한 분이었다. 나는 천연물에서 화합물을 분리한 다음 세포 검색계에서 이들 물질의 생리활성을 검사하는 일을 했었다. 그랬다. 당시 나는 쥐에서 분리한 간세포와 뇌세포를 키울 줄 알았다.

실험의 배경을 좀 살펴보자. 폐경기는 여성에게만 나타나는 현상으로 더 이상 난자가 성숙하는 일이 벌어지지 않는다. 그와 함께 성호르몬 특히 에스트로겐의 혈중 농도가 현저하게 줄어든다. 생식이라는 측면에서 '진화적 사망 선고'를 받은 셈이지만 현대 여성들은 폐경기 이후에도 상당히 오랫동안 살아남는다. 그렇기에 진화학자들은 '할머니 가설'을 세우고 이들 친할머니가 손자를 보살펴줌으로써 더 많은 자손을 얻을 수 있을 뿐만 아니라 그 자손들이 성적으로 성숙할 확률을 높인다고 설명한다. 그렇다고 치자. 헌데 임상의학자들은 폐경기의 특징적인 증상 세 가지를 언급한다. 심장질환의 빈도가 갑자기 늘어나고 뼈가 약해지는 데다(골다공증으로 표현한다) 머리 한쪽만 아픈 편두통 증세다. 에스트로겐이 혈관을 확장하여 혈관질환을 개선할 수 있는지 확인하기 위해 우선 우리는 혈관의 내벽을 둘러싸고 있는 혈관내피세포를 분리하기로 했다. 처음에는 소의 대동맥을 나중에는 돼지의 대동맥을 썼다. 돼지 대동맥이 인간의 그것과 크기도 비슷하고 특성도 비슷하다는 말을 들었기 때문이었다. 어쨌든 나는 새벽에 독산동 도살장에 들러 저 대동맥을 구해와 효소 처리한 다음 동맥의 혈관내피세포endothelial cell를 성공적으로 분리했다.

지용성인 물질들은 보통 막을 쉽게 통과하여 세포 안으로 들어갈 수 있다고 말한다. 다시 말하면 에스트로겐과 같은 지용성 물질은 세포 안으로 들어가 거기에 있는 에스트로겐 수용체와 결합한 뒤 다시 핵 안으로 들어가 거기에서 유전자를 활성화시킨다는 것이 정설이었다. 일종의 법칙이라는 뜻이다. 헌데 문헌을 찾아보니 에스트로겐을 처리한 쥐의 혈관이 매우 빠른 시간 내에 확장된다는 보고가 있었다. 불과 1~2분 안에 혈관이 확장했다는 결과였다. 우리는 두 가지 생각을 했다. 첫째 혈관을 확장하는 물질을 확인해야 했고 다음에는 그 물질을 만드는 유전자가 활성화되었는지 조사해야 했다. 당시에는 혈관을 확장하는 물질로 일산화질소가 잘 알려져 있었고 그 물질을 만드는 효소가 이미 혈관내피세포에 존재한다는 사실도 증명되었다. 그렇지만 1~2분은 에스트로겐이 핵에 들어가 전사되고 번역하기에 너무 짧은 시간이었다. 그래서 우리는 이미 만들어져 세포 안에 있는 저 일산화질소 합성 효소가 에스트로겐의 신호를 받아 일을 할 것이라는 가정을 세우고 이를 증명했다. 과연 내가 분리한 혈관내피세포는 에스트로겐에 반응하여 30초가 지나지 않는 빠른 시간 안에 일산화질소를 대조군보다 거의 세 배나 만들어냈다. 결국 우리는 에스트로겐이 세포막에 있는 수용체에 결합하여 신호를 보낸다는 사실도 아울러 증명했다. 이런 실험 결과는 에스트로겐이 최종적으로 세포핵으로 들어가 일을 한다는 '법칙'에 위배되는 것이었다.

멘토와 함께 우리는 논문을 썼지만 쉽게 저널에 투고하지 못했다. 해외에 있는 동료 과학자들이 믿지 않을지도 모른다는 걱정을 하느라 필요한 것보다 훨씬 많이 시간을 지체한 까닭이었다. 그 즈음에 '슬픈' 일이 벌어졌다. 임상 의학 저널에 우리와 거의 똑같은 결과가 논문으로 게재된 것이었다. 의학 분야 최고의 저널이었다. 우리 실험 결과와 논문의 참신성은 땅바닥에 곤두박질쳐졌다. 우리도 부랴부랴 생화학 분야의 저널에 투고했고 2주일이 지나지 않아 'as it is'로 수락되었다. 나의 멘토는 6개월 안에 도출된 동일한 실험 결과는 똑같이 참신성이 인정되는 것이니 걱정할 것 없다고 말해주었다.

더 자세한 실험 얘기를 하지는 않겠지만 과학계에서 중복 발견은 무척 흔하다. 같은 배경에서 동일한 문제 해결을 향해 일하는 사람들이 많기 때문이다. 그렇기에 과학자들은 과학 발견의 우선권을 확보하려고 노력한다. 또 당대의 과학적 성과를 한데 모아 공개함으로써 이미 발표된 결과를 모르고 실험에 착수하는 오류를 최소화하려고 애쓴다.

어쨌든 저 논문은 나의 대표논문이고 수백 차례 인용되었다. 그와 동시에 나는 화학 분야에서 세포 생물학 쪽으로 지적 이동을 감행했다. 다소 생소한 분야이긴 했지만 총명한 신참자가 되기 위해 노력했음은 물론이다. 그리고 처음으로 스승 없이 스스로 공부할 수 있게 되었다. 사실 따지고 보면 주변의 동료 과학자들 모두가 당대의 과학적 지식의 축적을 향해 노력하는 스승들 아니던가?

제5장

원숭이와 인간의 혈액형은 같은가?

: 란트슈타이너가 누린 자유

우리 몸을 구성하는 세포 레고 블록 중 가장 종류가 많은 것이 붉은 색을 띤 적혈구라고 말했다. 지금부터 나는 적혈구의 족보에 대해 살펴보려 한다. 우리에게 익숙한 혈액형인 A형, B형, O형, AB형은 란트슈타이너의 연구로 인해 세상에 알려진 것이다. 그러니까 1900년 이전에는 혈액형이란 개념 자체가 없었다. 1900년 란트슈타이너는 논문을 한 편 발표한다. 사람에게서 얻은 혈액을 섞어서 응집되는지 그렇지 않은지에 따라 혈액을 분류한 논문이다. 논문의 내용은 잠시 뒤에 살펴보도록 하고 지금은 앞으로 어떤 얘기가 전개될지 잠시 정리를 해보자.

피는 왜 붉을까? 피가 붉다는 관찰 속에는 과학사상 가장 이해하기 어려운 법칙인 동시에 모든 생명의 근간이 되는 '에너지가 보존된다'는 법칙의 씨앗이 싹트고 있었다. 피가 붉은 이유는 산소 때문이다. 그렇기에 생명체는 산소를 효과적으로 전달하는 장치, 즉 적혈구를 여러모로 변화시켰다. 적혈구는 언제, 어느 생명체에서 시작했을까? 질문을 좀 달리하면, 적혈구는 왜 등장하게 된 것일까? 이런 질문을 차근차근 살펴보겠다.

푸른 피

붉은 색의 피가 우리에게 익숙하기 때문에 피가 다른 색을 가질 수 있다는 사실은 금세 흥밋거리가 된다. 남극 근처 차가운 물에 사는 문어의 피가 푸르다는 사실도 그런 것이었다. 피는 붉을 수도 푸를 수도 있는 것이다. 그렇다면 '색'이란 무엇일까?

색은 우리 눈이 그렇게 '감각'했다는 인간의 신경활동을 시각적 언어로 치환한 것이다. 그렇기 때문에 인간의 눈에 '붉은' 색깔이 개의 눈에도 그렇게 보이리라 단정할 근거는 하나도 없다. 개의 시각 신경계에 대해 우리가 잘 모르기 때문이다. 색은 인간의 시각 세포가 가진 생화학과 태양에서 도달한 빛을 버무린 비빔밥 같은 것이다. 캄캄하면 붉은 빛이 제대로 보이지 않을 것이다. 마찬가지로 푸른빛도 그렇다. 색깔을 사전적으로 정의하면 '물체의 표면에서 반사되는 빛의 파장을 시각 장치가 감지하는 성질의 차이에서 비롯하는 감각적 특성'이다. 물질 자체의 고유한 성질이 아니라는 말이다.

피의 색을 결정하는 물리적 특성은 산소를 운반하는 물질 자체에서 비롯된다. 피가 푸른색을 띠는 연체동물이나 절지동물은 붉은 빛을 띠는 포유동물의 헤모글로빈 대신 헤모시아닌이라는 혈색소를 함유하고 있다. 기본 골격이 다르기 때문에 직접적인 비교는 힘들겠지만 헤모글로빈은 그 중심에 철을, 헤모시아닌은 구리를 가진다. 이들이 산소와 결합하는 화학적 특성 때문에 우리 눈에 푸르게 혹은 붉게 보이는 것이다.

적혈구의 등장

이 책 여기저기서 헤모글로빈 분자가 등장할 것이다. 헤모글로빈에 대해서 할 말은 많지만 세포로서 헤모글로빈을 감싸고 있는 적혈구의 사연도 절절히 구구하다. 간단히 그 내막을 알아보자.

적혈구를 얘기하려면 일단 심장과 혈관이 등장한 사건으로 돌아가야 한다. 최대한 간단히 살펴보겠다. 음, 만화에도 자주 등장하는 말미잘을 떠 올려보자. 자존심이 상할지 모르겠지만 말미잘은 구멍이 하나인 통이다. 음식이 들어가는 곳과 배설물이 나오는 곳을 공동으로 이용한다. 촉수가 되었든 뭐가 되었든 플랑크톤 같은 생명체를 통으로 넣고 이들의 단물을 빼먹은 다음 쓸데없는 것은 버린다. 산소나 영양소는 통 안에서 확산되어 전신에 보급된다. 아직 혈관계가 없다는 말이다. 소화와 배설을 담당하는 말미잘의 통을 체강*이라고 해보자. 이 체강을 만두 찜통처럼 포개놓고 서로 연결하면 각 만두 찜통은 좌우대칭인 지렁이 몸통처럼 변할 것이다. 생명체 몸통의 크기가 커지고 운동성이 증가한다. 입도 생기고 항문도 생겨야 할 것이다. 체강에서 전신으로 영양분을 공급할 필요성이 생기면서 혈관 비슷한 조직이 생겼다. 몸통이 커지면 이제 펌프를 사용해서 전신에 영양분을 공급해야 한다. 심장이 생겼다. 이 심장은 나중에 산소를 운반하는 기능도 도맡게 되었다.

체강의 내부를 수놓는 체강세포coelomocytes는 영양분을 포획하는 기능을 했다. 장차 이들이 분화되어서 소화기관으로 진화해 갈 것이다. 헤모글로빈과 같은 분자는 체강에서 산소를 붙들어 조직으로 운반했다. 나중에 심장과 혈관이 생기면서 체강에 존재하던 헤모글로빈을 하나의 막으로 둘러싼 새로운 종류의 세포가 등장했다. 헤모글로빈을 탑재한 체강 세포는 해양 무척추 동물에서 처음으로 등장했다. 체절을 갖춘 해양 환형동물이 여기에 속한다. 털이 많은 갯지렁이를 떠올려보라.

이탈리아 나폴리 대학의 알레산드라 피카(Alessandra Pica) 교수가 수행한 연구에 의하면 척추동물의 적혈구는 어류에서 처음으로 등장했다. 헤모글로빈의 글로빈 단백질 구성이 얼마나 비슷한가를 따져 생명체들이 언제 나뉘어 진화해갔는지를 알아보는 생물학적

* 동물의 체벽과 여러 내장 사이에 있는 공간

시계를 조사했을 때 그랬다는 말이다. 어류의 적혈구는 타원형이며 양면이 볼록하고 핵도 가진다. 홍어나 가오리 같은 연골 어류의 적혈구가 어류 중 가장 크다. 경골어류의 적혈구는 연골 어류의 그것보다 작다.

비교 생물학 데이터가 축적되면서 생물학자들은 적혈구의 크기가 적혈구의 숫자와 반비례한다는 사실을 알게 되었다. 적혈구의 크기가 크다는 말은 이 세포가 핵을 가진다는 뜻을 함축하고 있다. 알다시피 핵은 후대에 전해줄 염색체를 보관하는 곳이고 살아가면서 필요한 단백질을 만들 청사진을 제공하는 장소이다. 적혈구에 핵이 없다는 말은 최소한 두 가지 의미를 갖는다. 첫째, 적혈구에 빼곡히 헤모글로빈 분자를 채워 넣을 수 있다. 산소를 운반할 선수들이 많다는 말이다. 이 말은 곧 핵이 없는 적혈구를 가진 생명체가 산소를 펑펑 쓰고 있다는 뜻이 된다. 인간이 지구에 기여하는 바가 뭔지 생각해볼 일이다. 둘째, 죽을 때까지 본래 가지고 있던 밑천으로만 살아가야 한다.

밑천이란 말을 곰곰이 생각해보니 발효를 담당하는 단백질이 한 축, 혈관을 돌아다니면서 활동하다 생겨난 활성산소를 제거하는 단백질이 나머지 축을 차지할 것 같다. 그러나 천만다행인 사실이 있다. 포유동물의 적혈구는 핵뿐만 아니라 미토콘드리아도 없다. 미니멀리즘 생활을 지향하면서 괴나리봇짐 하나 둘러차고 길을 떠난 사람처럼 적혈구는 안빈낙도의 삶을 택했다. 미토콘드리아가 없다는 말은 의미심장한 데가 있다. 세포 안에서 산소를 가장 많이 사용하는 곳이 바로 그곳이기 때문이다. 원자력 발전소 주변처럼 사고가 날 가능성이 큰 장소라는 말이다. 사실 세포 내부에서 활성산소가 가장 많이 생산되는 곳이 미토콘드리아다. 활성산소는 산소 주변에 전자의 배치가 불안정해서 공격성이 높은 물질을 칭한다. 미토콘드리아가 없는 적혈구 내부의 단출한 삶에서 재산을 둘러싼 다툼이 일어날 까닭이 어디 있겠는가?

물고기라고 다 변온동물은 아니다. 내온성이 있는 물고기의 적혈구는 그 기능에서 포유류에 필적한다. 산소를 효과적으로 운반한다는 의미이다. 반면 남극 근처의 얼음 물고기는 헤모글로빈의 양이 가장 적다. 뭍으로 반쯤 올라온 양서류의 적혈구는 척추와 무척추동물을 다 합친 동물계 전체에서 가장 큰 편이다. 핵 DNA의 양이 절대적으로 많기 때문이다. 왜 많은지는 잘 모른다. 파충류 중에서는 바다거북의 적혈구가 가장 크다. 아마도 그래서 느릴 것이다. 조류의 적혈구는 파충류에 비해 더 작다.

생물학 교과서를 보면 적혈구는 줄기세포에서 몇 단계를 거쳐 성숙한다. 다른 혈구 세포도 마찬가지다. 살아가면서 끊임없이 교체된다는 뜻이다. 배아상태에서 처음 적혈구가 만들어지는 장소는 난황이었다가 성체가 되면 비장, 소화기관(먹장어), 신경체(칠성장어),

그리고 포유류는 골수로 자리를 옮긴다. 연골어류는 비장, 경골어류는 콩팥이다.

물에 살 때는 적혈구가 만들어지더라도 딱히 걱정할 것은 없었다. 그러나 육상에 자리를 틀게 되자 적혈구를 만들 때 자외선에 노출되지 않도록 적혈구 줄기세포를 잘 보관해야만 했다. 땅 위에 사는 일은 언제나 녹록치 않다. 물도 지켜야 하고 자외선도 피해야 한다. 포유동물은 골수 구중심처에 거처를 마련했다. 그러나 그 시작은 파충류에서부터다.

포유동물이라면 적혈구를 빚는 마지막 단계는 핵을 없애는 과정이다. 핵을 없앤다는 말은 본디 핵이 있었다는 뜻이다. 그렇다면 적혈구는 핵을 어떻게 만들었을까? 세포도 마찬가지지만 핵은 핵이 없으면 만들어지지 않는다. 생물시간에 우리는 별 쓸데도 없는 중기, 간기, 휴지기 등등의 용어를 배우고 달달 외운다(사실 지금은 기억도 나지 않는다). 염색체를 주형으로 해서 또 한 벌의 염색체를 만들고 그것을 양쪽으로 끌고 가는 사진을 곁들이기도 한다. 그렇지만 어디에서고 핵을 둘러싼 막이 두 벌이 된다는 얘기를 들을 수 없다. 양쪽 끝으로 붙들려간 염색체는 어떻게 핵 안으로 들어가는 것일까? 모른다.

세포가 핵을 만들게 된 사연은 무엇일까? 이 문제는 매우 중요한 생물학적 주제이지만 나는 최근에야 그 답을 어렴풋이나마 알게 되었다. 간단히 말하면 그 이유는 바로 속도다. 화학적으로 성질이 다른 유전자를 이용해서 단백질을 만들려면 이 둘을 연결하는 화합물이 필요하다. 우리는 그것을 RNA라고 부른다. 생화학자들은 DNA를 주형으로 삼아 RNA를 만드는 일을 전사과정이라고 부른다. 이 과정에서 세포는 부가적인 일을 해야 한다. RNA의 일부를 끊어 내고 이어 붙이는 작업이 필요하기 때문이다. RNA에서 버려지는 부위는 단백질을 암호화하는 정보를 포함하지 않는다. 게다가 전사 과정에서 실수가 있으면 세포로서는 치명적인 손상을 입을 수 있다. 단백질 기능이 달라질 수 있는 까닭이다. 그래서 전사 과정은 시간이 소모되는 작업이라고 말한다. 하지만 일단 RNA가 만들어지면 소포체에서 RNA가 지닌 정보를 읽어 아미노산에 이르는 번역 작업을 매우 빠르게 진행한다. 속도 차이에서 오는 뒤엉킴을 방지하는 가장 좋은 방법은 전사와 번역 과정을 분리하는 것이다. 그렇게 핵이 생겼다는 것이다. 그렇게 DNA는 대출이 금지된 책처럼 핵에 보관되어 있다. 그래서 RNA 형태가 아니라면 결코 핵 밖으로 정보가 새 나가지 않는다. 핵의 형성에 관한 이런 시나리오는 가설에 불과하다. 그렇지만 저 가위를 만드는 유전자를 비교 분석함으로써 지금까지 가장 그럴싸한 가설로 자리 잡고 있다.

세포는 이처럼 어렵사리 만든 핵도 헤모글로빈을 채우기 위해 과감히 버린다. 핵을 버리는 과정은 핵을 먹어버리는 것이다. 세포가 스스로 자신의 소기관을 먹어버리기 때문에 우리는 이 과정을 '자기 소화'라고 부른다. 미토콘드리아도 이런 식으로 제거한다. 단백질이 관여하는 복잡한 과정이지만 여기서는 자기 소화에 의해 핵이 사라진다고만 얘기해두자. 적혈구는 그런 방식으로 소기관을 제거하고 혈관을 따라 움직이며 120일을 살아간다.

그렇다면 적혈구는 이 세포를 가진 모든 동물에서 모두 같은 것일까? 다르다면 무엇이 다른 것일까? 최초로 이 질문에 답을 던진 사람은 과학계 최후의 르네상스 인이라고 불리는 란트슈타이너이다. A, B, O 혈액형을 밝힌 지 거의 한 세기가 지나서 과학자들은 혈액형의 분자생물학 도구를 갖게 되었다. 이제서야 과학자들이 인간과 다른 종의 ABO 유전자를 비교하기 시작한 것이다. 프랑스 국가과학 연구소의 로리 세구렐(Laure Ségurel) 박사는 우리의 혈액형이 매우 오래되었다고 말하면서 기본gibbon과 인간이 A와 B형의 혈구를 가지고 있으며 약 2천만 년 전 공통조상으로부터 분기했다고 결론을 내렸다. 인간과 가장 가까운 사촌이라 일컬어지는 침팬지는 A형 아니면 O형이다. 그렇지만 고릴라는 오직 B형밖에는 없다.

과학적 연구를 향한 끝없는 열정: 란트슈타이너

란트슈타이너의 전기를 읽고 있으면 답답할 정도로 고지식한 사람이라는 느낌을 지울 수 없다. 그렇지만 그는 소박한 정열을 가진 르네상스적 인물이었다고 한다. 소박한 정열이라는 말은 붙여 사용하기에 어색한 감이 없지 않지만 그는 노벨상 수상 소식도 가족들에게 알리지 않았다. 아무 사실도 모르는 가족들은 수상 소식을 축하하러 들른 사람들을 무심하게 쳐다보면서 책을 읽고 있었다고 한다.

재미로 하는 일이었겠지만 〈의학 가설〉이라는 잡지에 아인슈타인에 필적할 만한 생체의과학자가 누구이겠느냐 하는 논문이 실렸다. 1995년 일이다. 스리 칸타(Sachi Sri Kantha, 1953~)라는 사람이 쓴 논문인데 그는 세 가지 기준을 제시했으며 1912년~1966년 사이에 노벨 의학상을 수상한 과학자들을 대상으로 한정했다. 첫 번째 기준은 다양한 과학 분야에의 파급력이었다. 둘째는 지식의 전망을 혁명적으로 열어 젖힌 사람, 셋째는 인류의 삶에 중요한 기여를 한 사람이었다. 란트슈타이너가 가장 적임자로 뽑혔음은 말할 것도 없다. 살아 있는 동안 그는 346편의 매우 중요한 논문을 출간했고 《혈액 반응의 특이성The Specificity of Serological Reactions》이라는 고전을 저술하기도 했다.

그러나 많은 사람들이 보기에 란트슈타이너는 '고독한 천재' 형이었다. 그는 우리가 알고 있는 A, B, O형 혈액형을 발견한 사람이다. 그래서 수혈할 때 생길 수 있는 부작용을 최소화할 수 있게 되었다. 항체와 항원의 반응 양식에 대해서도 연구했고 소아마비 바이러스 연구의 초석을 닦은 사람이기도 하다. 다른 많은 연구 결과가 있지만 그것보다 그는 지치지 않고 반복해서 '진실'에 다가서려는 불굴의 의지를 가진 회의주의자였다는 게 정확할 것이다.

사람들은 흔히 과학자의 품성을 열린 자세와 사물을 바라보는 회의론적 태도를 꼽는다. 열린 자세는 말할 것도 없이 '내 것만이 옳다'고 우기지 않는 것이다. 중요한 덕목이다. 회의론적 태도는 주어진 결론을 의심하고 다른 방향에서 다시 쳐다보려고 노력하는 것이다. 이 두 덕목 모두 태어날 때 가지는 것이 아니라 훈련에 의해 '고양될 수' 있음도 당연한 사실이다. 일정한 수준에 올라 명성을 쌓은 과학자들이 저지르기 쉬운 악덕이 바로 저 열린 자세를 잃어버리는 것이다. 그런 상황이 찾아오면 이제 그의 명성이 되려 지식을 발전시키고자 하는 목표를 질식시킬 수도 있다. 발견에서 오는 기쁨을 누리면서도 동료 과학자들에 인정받고자 하는 욕구에서 자유로운 과학자들은 많지 않을 것이다. 그러므로 쉽사리 좌절하지 않는 것도 흔쾌히 자만하지 않는 일도 모두 쉽지 않다.

고독한 과학자의 몽상

1868년 6월 란트슈타이너는 레오폴드와 파니 사이에서 태어났다. 나중에 란트슈타이너는 오스트리아 저널리즘을 확립했다고 일컫는 아버지에게서 정확함과 철저함을 물려받았다고 회고했지만 사실 레오폴드는 그가 일곱 살 때 죽었다. 그 때문에 그는 어머니가 살아 있는 한 결혼은 없다고 할 정도로 은둔 생활을 했다. 물론 학교도 다니고 성적도 우수했고 의과대학에서 공부했다. 타고나기도 했겠지만 집중력을 높이고 논리적 사고 방식을 훈련하는 것도 게을리 하지 않았던 듯하다. 그렇지만 그는 평생 외롭게 살았고 만년에 노벨 화학상을 받았던 폴링과 간혹 교류를 한 것을 제외하면 늘 외톨이로 살았던 것 같다. 그러니 실험해서 결론을 내고 논문을 작성하는 연구 과정 전체를 스스로 해치웠다. 결혼도 거의 50이 다 되어서 했다.

비엔나 의과대학에 들어간 그는 주로 수술과 해부학을 배웠다. 전쟁도 자원해서 들어갔고 거기서도 응급실 근무를 하며 대학 때의 일을 반복했다. 박사 학위를 받고 나서는 약 2년 동안 화학을 공부했다. 거기서 폐렴 구균을 발견했다. 그렇지만 그의 길은 따로 있었다. 그가 눈여겨보았던 것은 그루버-비달 반응이었다. 이 반응은 장티푸스를 일으키는 균과 그렇지 않은 균을 구분하는 혈액 조사방법이었다. 그는 두 균이 화학적으로 차이를 보일 것이라고 믿었다. 그래서 그는 당대 최고의 화학자인 에밀 피셔의 실험실에 합류했다. 당시 그가 쓴 논문 일곱 편은 모두 화학을 다루는 것이었다. 그때 디아조 반응을 배웠던 란트슈타이너는 그것을 항원-항체 간 결합에 사용할 수 있으리라는 사실을 깨달았다. 당대의 미생물학자였던 에를리히(Paul Ehrlich, 1854~1915)가 '항체는 어떻게 형성되는가'라는 발표를 했을 때도 거침없이 그것이 '틀렸다'고 말했다. 에를리히가 설사 열린 마음을 갖고 있었다고 해도 대중 앞에서 신참내기가 쏘아대는 것은 참아내기 힘들었을지도 모른다. 란트슈타이너는 친구가 많지 않았다. 한참 화학을 공부하다 비엔나로 돌아온 뒤에는 해부병리학 연구소의 조수가 되었다. 그 뒤로 10년 동안 그는 3,639건의 사체를 해부했다. 대략 생각해도 하루 한 건이 넘는다. 그렇지만 그가 10년 동안 해부만 한 것은 아니었다. 무려 52편의 논문을 발표했기 때문이다. 주로 세균학, 바이러스학 그리고 병리 해부에 관한 것이었다.

혈액형의 발견에 관해서는 자세히 쓰지 않을 작정이다. 이미 란트슈타이너는 혈액을 다루는 방법을 알고 있었고 수혈을 하다가 죽은 사례가 빈번하다는 사실도 숙지하고 있었다. 사실 그는 그를 바라본 동료들의 평가에 의하면 눈이 떠 있는 시간의 90퍼센트를 연구와 관련된 일을 하는 데 할애했다고 한다. 어느 정도 과장되었겠지만 이 정도면 거의 미친 사람이다. 직접 실험하지 않는 동안에는 당대의 모든 과학 분야에 대해 논문을 읽고 그 내용을 이해했다고 한다. 그래서 그는 한 사람이 '과학의 전 분야를 섭렵했던' 최후의 인간이라는 평도 받는다.

이것저것 모르는 게 없고 게다가 의심도 많으면 삶이란 란트슈타이너의 그것처럼 고달팠을 것이다. 그렇지만 그것뿐이었다면 어찌 그가 그의 전 생애를 다 바쳐 실험과 연구에 미쳐 살 수 있었겠는가? 분명 다른 뭔가가 있었을 것이다. 내가 보기에 그것은 '아는' 즐거움이다. 알면 자유롭다는 말도 있지 않은가? 남들이 모르는 사실을 내가 처음으로 발견했다는 사실은 우리의 '기쁨' 보상회로를 최대치로 끌어 올린다. 인류가 지금까지 살아오는 동안 이런 보상체계는 문화와 과학의 융성을 가능하게 한 생물학적 원동력이 되었음에 틀림없다.

더피 항원: 말라리아

우리 몸을 떠도는 혈액의 양은 5리터 정도이다. 그중 약 45퍼센트는 세포 건더기이고 나머지는 혈장이라고 부르는 국물 부분이다. 란트슈타이너가 발견한 것은 사람마다 혈구가 다를 수 있다는 사실과 그것이 크게 네 집단으로 구분된다는 사실이었다. 이 네 집단을 포함해서 지금까지 밝혀진 혈액형을 모두 합치면 50종류가 넘는다. 더피 항원도 그 중 하나이다.

내가 더피라는 말을 처음 들은 지는 10년이 넘는다. 그때 말라리아 내성과 관련이 있다는 얘기도 함께 들었다. 더피라는 주제로 발표를 했던 친구는 자넷 리(Janet S. Lee)라고 하는 한국계 미국인이었는데 나를 항상 "헤이, 에이치 피"라고 불렀다. 우리 몸 안에서 만들어진 더피 단백질은 적혈구 표면에 자리를 잡는다. 그러나 말라리아를 매개하는 기생 열원충은 더피 단백질을 이용해서 기를 쓰고 적혈구 안으로 들어온다. 그러므로 적혈구에 이 항원이 없는 사람들은 말라리아 모기가 득시글한 지역에서 생존 가능성이 높다.

일본인들은 면접을 보거나 배우자를 선택할 때 혈액형을 하나의 기준으로 삼는다고 말하지만 네 개의 혈액형으로 인간의 성격을 구분한다는 것은 어불성설이다. 그러나 적혈구에 50종류가 넘는(그 아형을 따지면 훨씬 많겠지만) 단백질이 있거나 혹은 없거나 할 수 있다면 지구상에 존재하는 모든 개인이 서로 다른 혈액형을 가지고 있다고 볼 수도 있다.

앞에서 혈액은 혈구가 거의 반이고 나머지는 혈장이라고 하는 액상 성분이라고 했다. 우리가 살아가는 동안 혈관 안에서 혈액이 응고되는 일이 생기면 불행한 일이 시작된다. 그러므로 우리 혈액은 엉키지 않도록 설계되었음이 분명하다. 바로 이 사실이 혈액형의 기본이 된다. 혈액형은 적혈구 세포 표면에 붙어 있는 단백질에 의해 구분된다. 그것을 항원이라고 부른다. ABO식 혈액형에서 그 항원은 두 가지이다. 하나는 A, 다른 하나는 B이다. 둘 다 가지고 있으면 AB, 하나도 없으면 O형이라고 한다.

란트슈타이너가 혈액을 서로 섞었을 때 응집이 일어나 엉기는 현상을 의심하기 시작한 것은 그렇지 않은 경우가 가끔 관찰됐기 때문이다. 에를리히를 포함하는 당대 미생물학자 혹은 의사들은 그 현상이 병리적인 것이라고 설명했다. 물론 그 이전에 염소의 피를 인간의 혈액에 섞은 미친 실험이 없었던 것은 아니지만 같은 종끼리 혈액을 섞는 것은 늘 문제가 있었다. 그렇기 때문에 란트슈타이너는 두 종류의 혈액이 섞였을 때 엉기는 것이 바로 저 그루버-비달 반응과 같은 일종의 화학이 개입하기 때문은 아닐까 의심했다.

평소에는 우리 인간이 혈액을 섞을 일은 거의 없다. 그렇지만 태반을 통해 문제가 가끔씩 생기는 것으로 보아 태반이 아이의 혈액과 엄마의 혈액을 완벽하게 구분하지 못하는 듯하다. 우리의 생물학 수준은 태반과 같은 발생 초기의 과정에 대해서는 입을 꾹 다문다. 물리학에서 시간과 빅뱅을 다룰 때처럼 말할 수 있는 게 많지 않다는 뜻이다. 그렇지만 사고가 생겨나서 상당히 많은 양의 피를 잃었다거나 하면 어쩔 수 없이 남의 피라도 받아야 할 것이다.

란트슈타이너가 했던 일은 자신을 포함한 실험실 구성원의 피를 뽑아서 혈구와 혈장을 분리하고 그것을 서로 섞어보는 일이었다. 1900, 1901년에 발표된 그의 논문을 보면(독일어니까 물론 논문의 내용은 못 읽고 데이터가 들어 있는 표만 본 것이다) 혈구는 전부 세 가지의 응집 양상을 띤다. 첫 번째 관찰은 자신의 혈장과 혈구는 서로 엉키지 않는다는 점이었다. 당연한 결과일 것이다. 두 번째는 정상인의 혈구는 세 가지 반응 양상으로 구분된다는 결과였다. 혈액에 문제가 있는 환자의 시료를 검사해도 마찬가지로 세 가지 양상을 관찰할 수 있었다.

이런 결과가 나오면 보통 우리는 이를 어떻게 해석할지 상념에 사로잡힌다. 서로 다른 사람에게서 채취한 혈구와 혈장이 만나서 엉킨다는 사실은 어떤 의미일까 곱씹는다는 말이다. 왜 란트슈타이너의 혈구는 실험실 동료의 혈장과 전혀 반응하지 않은 것일까? 어떤 화학적 결합이 혈구를 서로 잡아당기는 것은 아닐까? 그렇다면 혈장 안에도 뭔가 자석의 역할을 하는 것이 있어야 하는 것이겠지. 뭐 이런 식의 상념 말이다.

항체라는 말은 1891년 파울 에를리히가 처음으로 사용했다. 그는 파상풍 독소에 반응하는 세포 표면에 있는 어떤 종류의 결합 단백질을 연상하면서 항체란 용어를 사용했다. 란트슈타이너가 혈구를 구분하던 즈음은 항체 연구가 활발하게 진행되던 시절이었다. 항체가 혈장을 떠돌아다니다가 세균을 둘러싸고 그것을 공격해 파괴할 수 있다는 실험 결과가 나온 것도 1904년이다.

란트슈타이너가 확보할 수 있는 모든 종류의 논문을 닥치는 대로 읽었다는 사실은 주변 인물들의 진술로 대충 알 수 있다. 란트슈타이너는 혈장이 어떤 종류의 항체를 가지고 있으면서 혈구를 자석으로 끌듯 끌어당겼을 것이라고 가설을 세웠을 것이다. 그리고 그것을 증명하기 위해 많은 사람들의 피를 모았다.

그렇게 란트슈타이너는 세 종류의 혈액을 A, B, C로 구분했다. 나중에 C를 O로 바꾸고 그의 제자인 수트를리(Adriano Sturli)가 발견한 희귀한 혈액형 AB를 합친 네 종류의 혈액형이 오늘날 인간의 대표적인 혈액형이 되었다.

지금은 혈액형의 분포가 지역 혹은 인종마다 다르다는 사실이 잘 알려져 있다. 그렇지만 전체 인구를 다 따지면 O형이 가장 많아서 44.8퍼센트에 이른다. 그 다음은 A형으로 31.2퍼센트, 나와 우리 식구들의 혈액형인 B형은 16.2퍼센트이다. 가장 소수인 AB형은 5.1퍼센트이다. 페루 원주민은 전부가 O형이라고 한다. 한국은 A형이 가장 많아서 34퍼센트, O형과 B형이 각각 28, 27퍼센트로 거의 같고 AB형은 11퍼센트로 다른 민족에 비해 많은 편이다.

란트슈타이너가 AB형 혈액형을 찾지 못한 것은 일종의 행운이라고 해야 할 것이다. 그가 사용한 동료들의 혈액에 AB형은 없었다는 것은 다시 말하면 실험에 사용한 표본 집단이 어느 정도는 단순했다는 의미이기 때문이다.

O형이 먼저?

인간 집단에 O형이 가장 많다면 그 혈액형이 가장 먼저 등장했다고 볼 수 있을까? 지금까지 연구된 바에 따르면 ABO 혈액형을 결정하는 것은 ABO 유전자이다. 이 유전자 서열 분석 결과에 따르면

O형과 A형은 염기 서열의 단 한 군데가 다르다. A형과 B형은 네 군데가 다르다. 이러저러한 유전적 기법을 동원하여 과학자들은 A형이 가장 먼저 등장했다고 결론을 내렸다. 최초의 사람과로 분류되는 루시(Lucy)가 살았던 약 350만 년 전이다. 다음에 돌연변이가 나타나면서 B형이 그리고 100만 년 전쯤에 O형이 등장했다. 인류 역사에서 가장 늦게 생긴 혈액형이 O형인 것이다. 앞에서도 얘기했지만 O형 대립 형질이 우세한 것은 말라리아 기생 열원충 때문이라고 흔히 얘기한다. 그렇다면 페루 원주민들이 대부분 O형이라는 사실은 어떻게 설명할 수 있을까?

잘 모른다. 남미인 페루에 인류가 정착한 지는 불과 1만 년에 불과하기 때문이다. 멕시코와 남미 원주민 대부분이 O형이기 때문에 아마도 이 지역에 정착한 부족은 북아메리카 원주민과 달리 외부에서 유입된 유전자가 거의 섞이지 않았다고 보아야 할 것이다. 그렇기는 해도 북아메리카 원주민의 혈액형은 압도적으로 O형이 많다.

ABO 혈액형의 관점에서 매우 희귀한 혈액형을 가진 사람들이 없는 것은 아니다. 1952년 인도 봄베이에서 관찰된 현상은 혈액형이 어떤 의미를 갖는지 다시금 생각하게 만든 계기가 되었다. 왜냐하면 우리에게 익숙한 ABO형 혈액형으로 분류할 수 없는 사람들이 발견되었기 때문이다. A, B, O, AB도 아니라면 이들에게 도대체 어떤 혈액형을 부여할 것인가? 재미있는 점은 이들이 살아가는 데 별 문제가 없다는 사실이었다. 오직 수혈을 해야 할 경우를 빼곤 말이다. 만능 공여자라고 얘기하는 O형의 피도 이들에게는 치명적이었다.

혈액형은 생각보다 훨씬 복잡하다.

혈액형과 식단?

내가 인터페론이라는 말을 처음 들은 것은 〈칸나의 뜰〉이라는 텔레비전 드라마를 볼 때였다. 마찬가지로 Rh 음성이라는 말도 드라마에서 처음 들었는데, 그 혈액형을 밝힌 인물도 란트슈타이너이다. 하여간 그는 죽을 때까지 피펫을 놓지 않았다고 한다. 그렇지만 그는 '왜 혈액형이 다른가?' 다른 말로 하면 '왜 적혈구는 그렇게나 많은 수의 항원을 가지고 있을까?' 혹은 '혈액에는 혈구의 항원과 관련된 항체가 왜 그렇게 많이 존재하는가?'를 질문하지는 않았다.

바로 이 순간 나는 미생물을 생각한다. 우리 인간의 몸에는 약 1.5킬로그램에 달하는 세균이 존재한다. 그 세균은 언제부터 인간의 몸에 존재해 왔을까? 사실 이런 질문은 선후가 한참 뒤바뀐 질문이기는 하다. 우리는 흔히 지구의 역사 전체에서 인간이 등장하는 시기를 비유할 때 일 년 단위를 자주 쓰곤 한다. 《개미Les Fourmis》라는 소설을 쓴 베르나르 베르베르(Bernard Werber, 1961~)는 일주일 단위를 사용했다. 지구의 역사 45억 년을 1년으로 봤을 때(초기 인류인 오스트랄로피테쿠스는 12월 31일 오후 여섯 시가 넘어서 등장했다) 혹은 일주일로 했을 때(일요일 자정이 넘기 3분 전에 인간이 등장했다) 인간이 언제 등장했는지를 비유하는 것이다. 가장 최근 읽었던 책을 보면 우리의 팔을 쫙 펼쳤을 때 그 길이를 지구의 역사로 비유하는 예도 있었다. 오른쪽 가운데 손톱의 끝을 지구의 시작으로 본다면 인간이 등장한 시기는 왼쪽 손톱 끝이고 손톱을 가는 도구로 살짝 긁기만 해도 인간 전체 역사가 송두리째 사라진다는 비유였다. 인간이 등장하기 훨씬 전부터 동물의 몸에 들어와 있었으니 세균 입장에서는 "어, 넌 누구야? 처음 보는 친구들인데" 하지 않겠는가.

버블보이로 알려진 데이비드 베터(David Vetter)는 1971년 미국 텍사스 주에서 태어났다. 그는 인간 면역을 담당하는 세포가 부족해 일 년을 살기 어렵다는 병을 앓았다. 그래서 그는 외부와 단절된 보호막에서 13년을 살다가 죽었다. 12살 때 시행한 골수 이식이 성공하지 못한 것도 이유가 되겠지만 데이비드의 사인은 백혈병이다. 부검이 시행되었다. 특징적인 현상은 그의 맹장이 매우 컸다는 사실이었다. 소화기관의 발달 상태도 좋지 않았다. 현재 맹장은 장내에 서식하는 세균의 예비군이 존재하고 있는 장소로 알려져 있다. 심한 설사가 찾아와서 대장이 씻겨 나갔을 때 맹장에 존재하던 세균이 다시 대장을 채운다는 뜻이다. 큰 맹장은 무균 쥐들이 공통적으로 가지고 있는 특징이다. 아직 무슨 까닭인지는 잘 모르지만 정상적인 세균이 없으면 그에 보상이라도 하듯 맹장이 커지고 면역계나 소화기관도 정상으로 발달하지 못한다.

그렇다면 인간과 함께 살고 있는 세균도 후대에게 유전되는 것이라고 보아야 할 것이다. 실제 동물의 소화기관에 서식하고 있는 세균의 유전자 계통수를 따져서 동물의 근연 관계를 살피려고 하는 것이 최근 활발히 연구되는 분야이기도 하다.

장황하게 세균 얘기를 한 것은 인간에게 도움이 되든 그렇지 못하든 인간은 시작부터 세균과 함께해왔다는 말을 하기 위해서다. 그렇다면 우리 몸의 25퍼센트에 이르는 적혈구가 세균에 대항하는 체계를 갖추는 것은 거의 당연한 일이라고 할 수 있다. 그렇지만 여기에서 또 하나 짚고 넘어가야 할 것이 있다. 혈구에서 발견되는 항원이 다른 세포에서도 발견된다는 사실이다. 그렇다면 이들 혈구의 모든 레퍼토리를 알게 되면 그것이 환경과의 상호작용에서 비롯된 결과라는 결론이 나올 수도 있는 것이다.

일본이나 한국에서 혈액형을 통해 인간의 성격을 파악하려는 노력과 마찬가지로 미국에서는 혈액형과 그에 걸맞은 식단을 추천하는 책이 불티나듯 팔렸다. 이런 부류의 노력은 항상 유사 과학의 옷을 입고 등장하기 마련이어서 언제나 주의해야 하고 또 본질을 호도하는 경향이 자심하기 때문에 의심의 눈초리로 지켜봐야 한다.

최근에는 혈액형과 특정 질병, 특히 심혈관계 질환의 상관성을 파악하려는 의학계와 생물학계의 움직임이 느껴진다. 그렇지만 너무 단순화하지 말기를 바란다. 오히려 란트슈타이너가 그랬듯 혈구 혹은 혈액의 항체 혹은 항원이 세균이나 음식물, 독소를 포함하는 외부 요인과의 투쟁 혹은 단련 과정에서 자리매김해왔다는 점을 잊지 말아야 할 것이다.

공기에 노출된 피: 혈액 응고와 비타민 K

닭은 날지 못한다고 흔히 말하지만 틀렸다. 닭은 '멀리' 날지 못할 뿐이다. 담장 위에 서 있다가 어릴 적 내 어깨에 내려앉은 닭은 내 머리를 쪼아댔다. 닭 대신이라는 꿩은 그보다는 훨씬 멀리 날지만 그리 신통치 않아서 개구쟁이 동네 아이들에게 붙들리는 신세가 되기도 한다.

잘 알려지지는 않았지만 조류는 같은 크기의 포유동물보다 오래 산다. 또 포유동물보다 체온도 더 높다. 심장에서 힘차게 피를 내뿜어야 한다는 말이다. 체온을 유지하는 일은 산소를 소모하는 작업이기에 그렇다. 그렇다면 혈관이 손상되었을 때는 무슨 일이 일어날까?

못이 박힌 타이어는 탄력 있는 고무를 물리적으로 집어넣어 구멍을 메운다. 그런 일이 우리 혈관에서도 일어난다. 상처를 입었거나 염증이 있으면 혈관이 터질 수 있고 그 혈관 뚫린 곳을 메워야 한다. 혈액응고라고 부르는 과정이다.

혈구에는 적혈구뿐 아니라 백혈구라 불리는 세포도 있고 혈소판이라는 세포도 있다. 적혈구와 혈소판은 핵이 없는 세포이다. 그렇지만 적혈구와는 달리 혈소판은 미토콘드리아를 가지고 있다. 혈관이 터지면 혈소판이 엉켜서 상처 난 부위를 막는다. 이러한 혈액 응고 과정에는 스무 개가 넘는 단백질이 관여한다.

재미있는 사실은 조류에는 혈소판이 없다는 점이다. 그 대신 트롬보사이트thrombocytes라고 하는 혈소판과 비슷한 역할을 하는 세포가 있다. 2011년 펜실베이니아 대학의 연구진들이 밝힌 내용이다. 그들은 왜 조류에는 혈소판이 없을까 궁금해 했다. 달리 말하면 혈관이 손상되었을 때 새들은 어떻게 그 손상을 회복하느냐 하는 말이다. 상처가 났을 때 혈소판이 두텁게 엉겨 붙어 손상 부위를 막는 포유동물과는 달리 이들 트롬보사이트는 성기게 달라붙어 효과적으로 혈관의 손상을 막지 못하였다.

트롬보사이트는 조류의 적혈구처럼 핵을 가지고 있다. 세포가 핵을 가진다는 말은 세포의 크기를 줄이는 데 제한이 있다는 의미를 띤다. 혈소판이 3~4마이크로미터인 데 반해 조류의 트롬보사이트는 훨씬 크다. 좀 장황하기는 하지만 길게 조류의 혈액 응고를 얘기한 까닭은 새들의 혈관이 쉽게 다칠 수 있다는 말을 강조하기 위해서다. 혈액 응고의 효율성을 높인 포유동물은 대신 동맥경화와 같은 혈관성 질병에 취약하게 된 것이 아닌지 의심하고 있다.

비타민 K를 발견하고 분리해서 화합물의 구조를 밝힌 공로로 노벨상을 받은 덴마크의 헨릭 댐(Henrik Dam, 1895~1975)과 미국의 에드워드 도이지(Edward Adelbert Doisy, 1893~1986)는 모두 닭을 사용해서 실험했다. 쥐나 돼지 같은 포유동물은 닭처럼 민감하게 비타민 K의 있고 없음에 영향을 받지 않는다는 말이다.

덴마크는 다른 유럽 국가들과는 달리 일찍부터 농업과 축산에 힘을 쏟은 나라이다. 1920년대 코펜하겐 대학의 헨릭 댐은 닭이 생존하는 데 콜레스테롤이 필요한지 연구에 착수했다. 닭이 먹는 음식물을 비극성 용매로 처리한 다음 지용성 성분을 제거한 상태로 제공하고 닭이 어떤 증세를 보이는지 확인하는 것이다.

비타민을 구분하는 방법 중 하나는 그것이 물에 녹는가 아니면 기름에 녹는가를 따지는 것이다. 화학에 익숙한 사람들이라면 구조만 보아도 대충 용해도를 짐작할 수 있지만 그렇지 않은 경우라면 외워야 한다. 비타민 A, D, E 그리고 지금 얘기하고 있는 비타민 K는 물에 녹지 않는다. 비극성 용매는 기름이라고 생각하면 된다. 닭의 음식물을 기름으로 처리하면 비타민 A, D, E 혹은 K가 제거될 것이다. 그런데 다른 지용성 비타민은 알지만 우리가 비타민 K의 존재를 모른다고 생각해보자. 그렇다면 무엇을 할 수 있겠는가?

일단 비타민 A나 D, 혹은 E가 포함되어 있다고 알려진 음식물을 닭에게 먹이고 피부 아래 혹은 근육에 출혈이 있는지 확인할 수 있을 것이다. 물론 그런 종류의 실험이 덴마크에서도 미국에서도 수행되었다. 그런데도 닭이 여전히 출혈 증세를 보였다. 이들에게 채소를 먹였더니 출혈 증세가 사라졌다. 그렇기에 앞에서 언급한 비타민 C를 따로 먹여보기도 했다. 그런데도 여전히 출혈 증세가 사라지지 않았다.

의외의 장소에서 아주 흥미로운 결과가 등장했다. 닭의 사료에 들어 있는 쌀과 생선을 매우 빠르게 건조시키면 출혈 증세가 보였지만 실온에서 아주 천천히 건조시킨 경우는 닭이 피를 흘리지도 않았고 생존율도 현저하게 증가한 것이다.

이 지점에서 미생물이 등장하게 되었다. 닭이 먹는 음식물이 미생물에 의해 가공되어 출혈을 방지하는 물질이 만들어졌다는 실험이 뒤를 이었다. 이 물질에 비타민 K라는 이름이 붙은 것은 덴마크나 독일에서 응고를 Koagulation이라고 부르기 때문이기도 했지만 사실은 이미 알려진 비타민 A~E에서 멀리 떨어진 문자를 쓰려고 하는 고육책이었다. 혹시라도 실험이 잘못되었을 때 기존의 비타민 이름을 건드리지 않으려는 것이었다. 이런 일은 과학계에서 종종 있는 일이다. 존재 여부가 잘 알려진 것들은 숫자든 문자든 1이나 A에서 시작한다. 그렇지만 아주 희귀하거나 나중에 변경될 소지가 있는 경우라면 안전한 숫자, 가령 99나 P를 사용한다.

폰 빌레브란트 요소

인간 혈액의 흐름은 심장에서 동맥을 지나 모세혈관으로 들어가 다시 정맥을 타고 심장으로 돌아오는, 다시 말해 심장의 박동과 근육의 수축에 의해 조절되는 닫힌 혈관계를 갖는다. 물론 모세혈관 쪽으로 가면 투과성이 높아져서 내용물을 주고받기는 하지만 전체적으로 혈관은 상처 난 곳이 없어야 한다. 우리 혈액 안에는 혈관이 상처 났는지 아닌지 점검하고 다니는 붉은 암행어사가 있다.

폰 빌레브란트 인자라고 하는 단백질이 바로 그 암행어사이다. 나도 이 단백질을 가지고 실험한 적이 있다. 혈관의 내벽을 둘러싸는 세포는 어차피 같은 말이지만 혈관 내피세포라고 부른다. 배양기 안에 들어 있는 세포의 숫자가 늘수록 폰 빌레브란트 단백질 양이 많아졌다. 폰 빌레브란트 요소가 세포 접착에 관여한다는 사실을 알게 된 지금 생각해보면 너무 당연한 일이다. 혈소판을 끌어들일 수 있다면 자신과 동족인 세포인들 못 끌어들이겠는가? 피부세포처럼 혈관 내피세포는 본성상 서로 붙어 있어야 하는 세포들이다. 떨어지면 사고가 생긴다. 혈관 내피세포나 가족이나 다 마찬가지다. 물리적으로나 심정적으로 붙어 있어야 한다.

다시 본 얘기로 들어오자. 폰 빌레브란트(Erik von Willebrand, 1870~1949)는 짐작하겠지만 사람 이름이다. 빌레브란트가 발견한 이 단백질이 게으름을 피우거나 제 역할을 하지 않으면 상처 난 자리에서 흐르는 피가 잘 멎지 않는다. 상처를 메우기 위해 혈소판을 불러들이기 때문이다. 폰 빌레브란트 인자는 강력한 자석 같아서 혈소판뿐만 아니라 콜라겐에도 붙고 혈액 응고에 관여하는 다수의 단백질과도 결합한다. 이 단백질은 짐작하겠지만 혈관 내피세포에서 만들어진다.

혈액에 분비되어 돌아다니기도 하지만 많은 양의 폰 빌레브란트 요소는 혈관을 구성하는 내피세포에 보관되어 있다. 우리말로 다세관체Weibel-Palade body라는 장소에서 단백질 복합체로 존재하고 있다가 혈관 내피세포가 상처를 입으면 득달같이 달려 나가 혈소판을 잡아들인다. 그렇게 혈관의 상처 난 자리를 메꾸는 것이다.

그렇다면 세포는 어떻게 폰 빌레브란트 요소를 복합체로 만들어 보관하는 것일까? 시애틀에 있는 워싱턴 대학의 세들러(J. Evan Sadler) 박사 연구진은 이 문제를 독특하고 현명하게 풀어냈다. 세포 내부의 수소이온 농도는 대략 7.4이다. 혈액의 그것과 마찬가지다. 그렇지만 세포 내부에 있는 소기관들이 모두 같은 수소이온 농도를 가지고 있는 것은 아니다. 세포 속의 '위장'이라고 칭하는 리소좀의 수소이온 농도는 4.5~5.5 정도다. 그리고 골지체라는 기관의 수소이온 농도는 약 6.2이다.

세포 내부의 장소에 따라 수소이온 농도가 다르다는 것은 무슨 의미를 지닐까? 리보좀에서 만들어진 단백질은 골지체로 옮겨가

상표 붙이기 등 가공 과정을 거친다. 박스에 싸인 단백질은 이제 세포 밖으로 가거나 각기 정해진 곳으로 운반된다. 폰 빌레브란트 요소도 다르지 않다. 소포체에서 만들어진 폰 빌레브란트 빌딩 블록은 골지체로 옮겨가 다발 모양의 중합체*로 가공된다. 좀 전에 골지체의 수소이온 농도가 6.2로 다소 산성이라 말했던 것을 기억하는가? 세들러 박사 연구진이 밝힌 것은 '어떻게' 빌딩 블록이 나선형 다발 복합체를 만드는가였다. 이들은 생화학적 관점에서 수소이온 농도 7.4와 6.2의 차이를 감지할 수 있는 아미노산은 히스티딘일 가능성이 크다는 사실을 알았다.

여기까지는 누구나 도착할 수 있다. 그렇지만 세들러 연구진은 여기서 약간의 기예를 부렸다. 만약 히스티딘이라는 아미노산이 정말 중요하다면 그 위치는 진화적으로 잘 보존되어 있어야 한다. 그래서 세들러 연구진은 태반 포유류, 유대류, 두 종류의 조류, 파충류, 양서류 각각 한 종 및 다섯 종 어류의 폰 빌레브란트 요소 아미노산 서열을 확인했다. 자세히 설명하지는 않겠지만 생명체가 가진 유전 정보는 네 문자 체계를 사용한다. DNA의 염기라고 부르는 A, T, G, C가** 그것이다. 수학자들은 저 네 문자가 스무 개의 아미노산

* 분자가 기본 단위의 반복으로 이루어진 화합물. 염화비닐, 나일론 등이 있다.

** 아데닌, 티민, 구아닌, 시토신의 약자이지만 여기서는 저 대문자로도 충분하다.

에 관한 정보를 지니기 위해 최소한 세 개의 연속적인 배열이 필요하다고 보았고 분자 생물학자들은 실험적으로 그 사실을 증명했다. 세 개의 염기를 배열하는 방법의 수는 (4×4×4=) 64가지이다. 다시 말하면 하나의 아미노산을 지정하는 암호가 한 개 이상일 가능성이 존재하는 것이다. 우리는 이러한 암호의 특성에 잉여성이 있다고 말한다. 특정한 염기에서 돌연변이가 일어나도 아미노산이 변하지 않을 가능성이 열리는 것이다. 게다가 자연 선택의 엄정함은 중요한 단백질의 염기가 변하는 것을 용납하지 못한다. 폰 빌레브란트 요소의 특정 아미노산 서열이 기능에 절대적으로 중요하다면 그 부위는 시간이 오래 지나더라도 보존될 가능성이 크다. 그래서 우리는 중요한 유전자는 진화적으로 쉽게 변하지 않는다고 말한다.

폰 빌레브란트 단백질은 많은 수의 히스티딘을 가지고 있지만 여러 종 사이에 두루 잘 보존된 히스티딘의 숫자가 그리 많지 않다는 사실을 알게 되었다. 결과적으로 두 개의 히스티딘이 폰 빌레브란트 요소가 복합체를 형성하는 데 중요했다. 히스티딘을 다른 아미노산으로 바꾼 다음 확인 시험을 거쳤음은 물론이다.

세들러 연구진의 접근 방식은 매우 독창적인 데가 있었다. 무조건 분자생물학적 도구를 들이대는 대신 진화적 사고방식 양념을 첨가함으로써 새로운 풍미를 자아낸 것이다. 도브잔스키(Theodosius Dobzhansky, 1900~1975)가 말했듯 생물학은 진화적인 시각에서 더욱 포괄적이고 풍부한 의미를 갖게 된다.

사실 혈액 응고 과정은 매우 복잡하고 다양한 단백질들이 연쇄적으로 끼어든다. 그렇지만 폰 빌레브란트 단백질이 혈액 응고 과정을 전반적으로 총지휘하는 것은 틀림이 없다. 따라서 돌연변이가 생기면 쉽게 출혈하는 증세를 보이는 것이다. 특히 생리 혹은 출산을 통해 피를 잃을 가능성이 큰 여성들은 더욱 위험할 수 있다.

폰 빌레브란트 단백질이 혈액 응고에 매우 중요하기는 하지만 격하게 반응하게 되면 혈관 안에서 혈액이 응고할 수도 있다. 다양한 단백질과 강하게 결합하기 때문에 폰 빌레브란트는 어쩔 수 없이 이중적 성격을 갖게 된다.

전부 다가 그렇지는 않지만 자연계에는 피를 빨아먹고 사는 거머리leech들이 있다. 이 거머리들은 처음에는 민물에서 물고기 혹은 갑각류 피부를 먹고 살던 무해한 생명체였다. 그러다가 점차 턱을 피부에 박고 혈액 응고를 방지하는 화합물을 방출하면서 피를 먹는 생명체로 진화했다. 거머리를 이용해서 혈전을 용해하는 치료법의 기원은 고대 로마까지 올라가지만 2004년 미국의 식약처도 이들의 임상적 적용을 허가했다. 심리적으로 받아들이기 어렵겠지만 구더기maggot도 당뇨 합병증이 발로 와서 혈관이 막히고 출혈이 시작되었을 때 사용된다.

제6장
페스트, 쥐, 그리고 열역학 법칙
: 명백한 결함이 살아남는 이유

이번 장에서는 특별한 과학자가 등장하는 대신 질병을 일으키기 쉬운 돌연변이 유전자가 인간 집단에 살아 있는 이유를 진화의학의 시각에서 살펴보겠다. 결론을 말하면 유전자는 보통 한 가지 기능만을 갖지 않는다. 예를 들어 부모 한쪽으로부터 겸상 적혈구증을 유발하는 유전자를 물려받는다면 심한 빈혈은 없지만 말라리아 열원충의 침입으로부터 강한 내성을 가질 수 있다. 그렇기에 사하라 사막 아래 적도 지방 주민들은 겸상 적혈구 유전자 한 벌씩을 가지고 있을 때 생존에 더욱 유리하다. 이번 장 이후에는 노벨상 수상자도 등장하지만 상을 받지 못했더라도 과학적 기반을 다지는 데 열과 성을 다한 미친 과학자들의 행적을 추적해보려 한다. 그 징검다리로, 쥐를 매개로 하는 페스트가 대항해시대와 관련이 있다는 역사를 기술하겠다. 이후 7장에서는 열역학 법칙을 발견한 독일의 의사 메이어가 바통을 이어받는다.

생존에 도움이 되는 돌연변이

폰 빌레브란트 유전자에 문제가 있으면 지혈이 잘 되지 않아 외부 충격에도 쉽게 멍이 들고 오래 간다. 폰 빌레브란트 병은 매우 흔한 유전 질환이며 부모로부터 대물림된다. 양친 모두에게서 문제가 있는 불량품을 물려받으면 매우 골치 아픈 출혈 증상에 시달려야 한다. 미국에서 폰 빌레브란트 병의 이환율은 인구 전체의 1퍼센트에 이른다고 한다. 한편 최근 연구에 의하면 폰 빌레브란트 유전자는 ABO유전자와 관련성이 높다. 예를 들면 O형인 사람은 혈액 내 폰 빌레브란트 요소의 양이 다른 혈액형을 가진 사람보다 적은 편이다. 왜 그럴까?

잘 모르지만 ABO 유전자가 폰 빌레브란트 요소를 분해하는 데 관여할지도 모른다는 결과가 나왔다. 다시 말하면 O형은 혈전증에 걸릴 소지가 높다는 의미이다. 혈액형과 질병 사이의 상관성을 다루는 분야의 연구는 이제 막 시작되었으니 차분히 지켜보아야 할 일이다. 적혈구가 매우 복잡하다는 얘기는 앞에서도 했지만 혈액의 응고에 관련된 사연도 다사다난하기 그지없다.

그렇지만 폰 빌레브란트 유전병이 매우 높은 비율로 인간 집단에 살아 있는 이유는 무엇일까? 살아가는 데 불편할 수도 있는 유전병은 실제 인간 집단에서 쉽게 관측된다. 그 이유는 한때 그 돌연변이가 세균 혹은 기생충과의 투쟁에서 살아남는 데 도움을 주었다는 결론으로 귀결된다. 그 족적을 잠시 좇아가보자.

발가락이 닮았다

누구나 알고 있지만 깊이 생각하지 않는 생물학의 법칙이 하나 있다. 가끔 나는 수업시간에 이 법칙을 학생들과 함께 얘기한다. 그것은 바로 '어미, 아비 없는 자식은 없다'는 사실이다. 족보를 보면 알 수 있듯이 보통 우리는 가계도를 조상으로부터 그린다. 가령 '목은 이색(1328~1396)의 10세손인 누구누구'와 같이 뿌리로부터 대를 세어 나가는 것이다. 이색은 예닐곱 살에 논어니 맹자니 하는 어려운 책을 읽었다고 하며 누가 어려서부터 총명했다는 말을 할 때 단골로 등장하는 고려 말 사람이다. 이색의 아들의 아들의 아들… 이런 식으로 아홉 차례쯤 내려와야 비로소 10세손이 등장한다. 반면 10세손 자신으로부터 시작하면 어떻게 될까? 물론 아버지의 아버지의… 이런 방식이 될 것이다. 그렇다면 그 끝은 어디일까?

이 질문은 과학적 영역이지만 우리는 자주 그 영역을 벗어나는 일을 목격한다. 창조론이니 지적 설계론을 논하는 자리가 아니기 때문에 더 이상 거론하지는 않겠지만 여기서 저 10세손이 부모로부터 물려받는 것은 무엇일까? 어머니가 젊어서부터 검버섯이 있었고 나도 이른 나이에 검버섯이 손등에 생겨났다. 그때 나는 어머니로부터 특정 형질을 물려받았다는 표현을 쓴다. 그 특정 형질을 생물학에서는 표현형이라고 말하고 유전형이 밖으로 드러난 것이라고 간주한다.

부모에게 유전자를 물려받는 동안 약간의 변이가 일어난 것을 돌연변이라고 말한다. 용어가 돌연히 변한다는 느낌을 주기는 하지만 몇 예외를 제외하고 유전자가 당대에 변하는 일은 없다고 보아야 한다. 그러기에 특정 유전자가 한 집단에서 우세한 것이 되기 위해서는 시간이 필요하다. 여러 세대에 걸쳐 선택되어야 한다는 말이다. 그런데 간혹 생존에 명백히 불리해 보이는 유전자가 살아남는 것이 목격되기도 한다. 가장 대표적인 것은 아마도 겸상 적혈구 빈혈이 아닐까 싶다. 적혈구는 피를 좋아하는 입 속의 세균이나 모기와 같은 곤충의 좋은 먹잇감인 동시에 우리가 호흡한 산소를 온몸 구석구석으로 실어 나르는 세포이다. 이후 추운 곳에 사는 북유럽인이 적도 근처로 갔을 때 정맥을 흐르는 피가 선명한 붉은 색을 띤다는 얘기를 할 때 자세히 설명하겠지만, 적혈구는 산소와 결합하면 붉게 변하고 조직에 산소를 부리고 나면 검붉은 색으로 변한다. 그래서 피부를 통해 보면 약간 푸르스름하게 보이는 것이다.

〈쥬라기 공원〉이란 영화의 소재로 등장하는, 호박에 갇혀 화석화된 모기*의 혈액에 갇힌 공룡의 유전자는 흥미롭다. 그러나 곰곰이 생각해보면 몇 가지 의문점이 드는 것도 사실이다. 과연 모기는

쥐라기 지구를 날아다니고 있었을까? 당시 곤충이 피를 빨아 먹는 형질을 가지고 있었을까? 마이클 리한(Michael Lehane)이 쓴《피를 빨아 먹는 곤충의 생물학The Biology of Blood-Sucking in Insects》이란 책을 보면 이들 곤충이 피를 빨아먹기 시작한 것은 2억 년에서 6천 500만 년 전이다. 쥐라기에서 백악기에 걸친 시기이다. 백악기는 조개나 산호가 집중적으로 퇴적된 시기이고 그 탄산칼슘 퇴적물이 흰색을 띠었기 때문에 그런 이름을 얻었다. 피를 빨아 먹으며 사는 곤충은 얼마나 될까? 어림치를 보면 천만 종의 곤충 중 피를 먹는 개체는 1만 4천 종이다. 사람의 피만 골라 먹는 곤충은 수백 종에 불과하다. 이렇게 써놓고 나니까 불만 켜면 쏜살같이 사라지던 내 유년 시절의 빈대가 떠오른다. 피를 너무 많이 먹어 피둥피둥 살이 쪘어도 동작은 충분히 빨랐던 것으로 기억한다.

어쨌든 동물의 피를 먹는 세균이나 곤충은 한 가지 어려움을 겪는다. 제한된 먹이인 피를 편식함으로써 비타민 부족을 경험할 수 있기 때문이다. 그래서 모기의 장에는 월바키아라는 세균이 공생하면서 비타민 B을 만들어 숙주에게 공급한다. 사람의 매서운 손맛 혹은 소꼬리의 뭇매와 영양의 불균형 문제만 해결된다면 모기의 삶도 꽤나 윤택한 편이다. 모기가 먹는 음식물은 적혈구속에 함유된 풍

* 백악기 호박에서 발견된 7천 900만 년 전의 캐나다 모기 화석이 가장 오래된 것이다.

부한 단백질이다.

그 단백질을 우리는 헤모글로빈이라고 부른다. 아주 유명한 단백질이기 때문에 모두가 익숙하리라 생각한다. 겸상 적혈구 빈혈은 헤모글로빈 단백질을 구성하는 아미노산 한 개가 변해서 생긴 돌연변이의 결과로 발생한다. 부모로부터 물려받은 헤모글로빈 유전자 두 벌 모두 문제가 있으면 빈혈 때문에 살기가 어렵지만 한 벌만 물려받은 경우에는 말라리아에 내성을 갖게 된다. 그러므로 사하라 사막 이남에 사는 사람들이 겸상 적혈구 빈혈을 유발하는 유전자를 높은 빈도로 가지고 있는 점은 충분히 이해 가능하다.

말라리아는 우리말로 학질모기이다. 이들은 자신들도 모르게 열원충을 인간의 혈액에 집어넣기 때문에 살인모기라는 불명예를 얻었다. 인간을 죽이는 동물 순위에서도 독보적인 1위에 오른다. 그러나 실제 말라리아 증세로 한해 100만 명에 이르는 인간을 죽이는 것은 단세포 생명체인 플라스모듐 팔시파룸*Plasmodium falciparum*이라는 열원충이다.

이들 원생생물이 먹는 것도 헤모글로빈이다. 헤모글로빈은 무엇일까? 헤모글로빈은 두 가지 분자가 융합해 만들어진 물질이다. 글로빈 단백질 네 개, 그리고 헴 분자 네 개가 결합한 복합체를 헤모글로빈이라고 부른다. 인간 적혈구 세포 하나에 2억 개의 헤모글로빈 분자가 들어 있다. 그야말로 입추의 여지없이 적혈구를 채우고 있는 것이다. 이렇게 많은 수의 헤모글로빈 분자 하나에는 최대 네 개의 산소 분자가 붙는다. 우리 몸을 구성하는 세포 네 개 중 하나가 적혈구이다. 따라서 우리 인간은 단 한 순간도 산소가 없으면 살지 못한다. 심장이 멈추는 상황은 살아 있는 동안 결코 일어나지 않지만 평소 우리는 심장의 박동을 의식하지도 않는다.

글로빈이 단백질이라면 헴heme은 무엇일까? 돼지고기 뒷다리를 소금에 절이고 연기를 쬐인 가공 식품은 햄ham이라고 부른다. 그러나 우리가 살펴볼 헴은 무척 오래된 물질이고 질소를 포함하는 분자이다. 분자의 자세한 구조는 알 필요가 없겠지만 그것이 침대 곁에 둔 조명등이라고 해보자. 우리는 개인의 구미에 맞게 조명등의 색을 바꿀 수 있다. 물론 붉은 색 혹은 푸른 색 알전구를 바꿔 낌으로써 말이다. 헴이라는 물질은 조명등 소켓에 철이라는 알전구가 들어가 있는 것이다. 바로 이 철이 산소와 결합하는 것이다. 이렇게 헴 조명등 안의 소켓에 철이 결합하면 피가 선홍색으로 변한다.

생명의 푸르고 붉은 색소

헤모글로빈 단백질 내부의 헴은 포피린porphyrin이라고 부르는 일종의 소켓을 가지고 있다. 이 소켓은 생명의 시원까지 거슬러 올라가는 매우 오래된 물질이다. 재미있는 사실은 소켓 가운데 들어 있는 금속에 의해 소켓의 물리적 특성이 결정된다는 점이다. 소켓 안에 철이 들어 있으면 앞에서 언급한 헴이다. 그러나 상자 안에 마그네슘이 들어 있으면 엽록체다. 식물 잎 안의 푸른 몸체라는 의미를 지니는 엽록소는 인간을 위시한 동물계 전체가 우러러보아야 하는 대상이다.

그게 다가 아니다. 포피린 상자 안에 코발트라는 금속이 들어가 있으면 우리가 비타민 B_{12}라고 불리는 물질이 된다. 사실 포피린 상자를 가진 물질은 모두 색이 있다. 비타민 B_{12}도 예외는 아니어서 '빨간 비타민'이라고 불리기도 한다. 사실 알록달록한 새의 알이나 카멜레온의 색소도 포피린 상자와 관련이 있다. 식물의 푸른색도 포피린 상자 덕이고 피가 붉은 것도 마찬가지다.

따라서 포피린을 생명의 색소이라고 말하는 것도 무리는 아니다. 아니 생명의 정수라고 하는 편이 낫겠다. 엽록소가 하는 일을 생각해보라. 헤모글로빈이 하는 일을 생각해보라. 결론만 서둘러 말하면 광합성과 산소의 운반이다. 그러니 포피린 상자가 세포 과정의 거의 모든 분야에 관여한다는 말은 과장된 것이 하나도 없다. 더 자세한 얘기를 하면 머리가 빙빙 돌 정도로 포피린 상자는 생명의 본성 속으로 깊이 들어와 삶의 춤을 춘다.

비타민 B_{12}는 소화기관과도 밀접한 관련이 있다. 만일 위를 절제한 경우라면 비타민 B_{12}를 먹어야 할 필요성이 높아진다. 위에서 만들어지고 소장으로 간 단백질 하나가 비타민 B_{12}의 흡수에 절대적으로 필요하기 때문이다. 그 단백질은 '내인성 인자intrinsic factor'라는 알 듯 모를 듯한 물질이다. 이 빨간 비타민은 주로 동물성 음식물에 들어 있고 적혈구를 만들거나 신경세포를 유지하는 데 필요한 물질이다. 따라서 비타민 B_{12}가 부족하면 우선 혈구가 비정상적으로 커지면서 제 기능을 하지 못한다. 산소를 적재적소에 실어 나르지 못하는 것이다. 그래서 이 증세를 악성 빈혈이라고 불렀다. 동물의 생간을 섭취하면 악성 빈혈 증세가 치료될 수 있음을 밝힌 공로로 마이넛(George Richards Minot, 1885~1950)과 머피(William parry Murphy, 1892~1987)는 1934년 노벨 의학상을 수상했다. 영국의 호지킨(Dorothy Hodgkin, 1910~1994) 박사는 아름답지만 복잡하기 그지없는 비타민 B_{12}의 화학구조를 밝히고 1964년 노벨상을 받았다.

흥미로운 사실은 비타민 B를 구성하는 코발트가 영국 백자에 푸른색 그림을 그리는 안료로 사용된다는 점이다. 그래서 고려청자는 어떤가 하고 찾아보았더니 청자의 비취색은 철 때문에 생기는 것이란다. 곰곰 생각해보면 무기물과 유기물의 결합이 생명의 뼈대를 이룬다는 점은 틀린 말이 아니다. 석탄이 과거의 양치류 식물이었고 석유에서 엽록체가 변한 포피린 상자가 발견되는 것도 고개가 끄덕여진다. 삶은 무기물을 향해서 가고 다시 유기물로 돌아온다. 그러므로 윤회의 기다림은 무척 길다.

헤모글로빈을 먹고 사는 말라리아 열원충이 낫 모양으로(겸상)

찌그러진 적혈구를 만나면 세포 내로의 진입에 영향을 받게 되어 결국 글로빈 단백질을 쉽게 먹지 못한다. 지역에 따라 다르지만 아프리카 주민의 10퍼센트에서 40퍼센트에 이르는 사람들이 겸상 적혈구 빈혈증 증세를 보인다. 그러나 이들은 말라리아에 잘 걸리지 않는다. 그러니 이 유전자가 비록 결함을 보이더라도 그 집단에서 살아남지 않겠는가?

명백히 결함이 있는 유전자가 특정 인간 집단에 살아남을 수 있었던 이유는 그 유전자가 나타내는 형질 때문에 개체의 생존 가능성이 높아졌고 그 유전자가 후대로 계승되었기 때문이다. 서유럽 후손들에게 가장 흔한 돌연변이는 혈색증을 나타내는 유전자이다. 혈색증은 몸속에 철이 축적되는 병이다. 겸상 적혈구 빈혈증과 마찬가지로 유전자의 돌연변이 때문에 생긴다. 몸이 철제 동상이 되는 것이어서 거의 40년쯤 지나면 죽음을 면치 못하게 된다. 그렇지만 중세와 근세를 거치며 유럽 대륙을 휩쓸었던 흑사병(페스트)에 대해 이들이 내성을 가질 수 있었다면 역시 이들도 그들의 유전자를 후대에게 계승하기 쉬웠으리라 짐작하는 데 무리가 없다. 이런 유전적 결함 외에도 예를 들 수 있는 것은 더 있다. 그리고 그 숫자는 더 늘어날 것으로 생각된다.

알코올도 그렇지만 설탕도 천연 부동액이다. 춥다고 술을 많이 먹는 것이 바람직하지는 않겠지만 러시아 사람들의 음주 빈도가 높은 것도 사실이다. 직관적으로 생각하면 추운 곳에 있는 사람들의 혈중 포도당 수치가 높을 것이라 짐작할 수 있다. 같은 사람이라도 겨울에 포도당을 혈중에 더 잘 순환시킬 수 있다면 생존까지는 아니어도 사는 데 유리할 수도 있다. 그렇기에 북유럽 집단 사람들에게는 당뇨병을 감수하면서 살아가는 유전자 빈도가 높아질 수 있는 것이다.

꼭 결함이 있는 유전자만 살아남는 것은 아니다. 성인이 되어서도 젖당을 분해하는 효소가 활발히 작동하는 사람들은 불편 없이 우유를 꿀꺽꿀꺽 마실 수 있을 것이다. 실제 유목민 후손들에서 흔히 관찰되는 형질이다.

겸상 적혈구 빈혈증이나 혈색증을 유발하는 유전형이 살아 있는 이유는 결국 환경, 특히 페스트 세균이나 열원충에 효과적으로 대응하는 방식에 다름 아니다. 추울 때 불을 피우는 것과 다를 바 없는 반응이다. 그러므로 추울 때 옷을 벗어 주는 것은* 진화적으로 볼 때 결코 권장할 만한 일이 아니다.

인간과 세균의 상호작용은 인류 전 역사를 거쳐서 끊이지 않았

* 써 놓고 보니 틀렸다는 생각이 곧바로 든다. 추울 때 이성에게 겉옷을 벗어 주고도 추위를 타지 않을 정도라면 배우자 선택에서 우위를 점할 것이기 때문이다. 내 유전자를 안전하게 전달하는 행위는 이성 없이는 불가능하다. 모두가 잘 알고 있으리라 생각한다.

다고 자신 있게 선언할 수 있다. 왜냐하면 인간보다 세균이 훨씬 먼저 지구를 배회했기 때문이다. 세균은 사실 어디에나 있다. 그러나 페스트를 일으키는 세균은 비교적 최근에 등장한 생명체로서 인류의 역사에 커다란 영향을 끼쳤다.

절벽 생태학Cliff Ecosystem

중세 유럽을 여러 차례 강타했던 페스트는 많은 사람을 죽이기도 했지만 사회 형태도 크게 변화시켰다. 무엇보다도 공중 보건 개념이 도입된 것이 중요한 사건이라고 볼 수 있을 것이다. 그렇지만 프랑스의 파스퇴르를 비롯하여 독일의 코흐 박사 등 미생물학자들이 등장하게 된 것도 우연은 아닐 것이다. 1894년 파스퇴르 연구소에서 일했던 스위스인 알렉산더 예르생(Alexandre Yersin, 1863~1943)이라는 의사이자 미생물학자가 페스트를 일으키는 세균을 발견했다. 당시 이 연구소에는 독일에서 공부하면서 코흐의 방법론을 체득한 기타사토 시바사부로(北理柴三郎, 1853~1931)라는 일본인 미생물학자와 함께 진행한 공동 연구 결과였다. 페스트를 일으키는 병원균을 알아보기 전에 벼룩을 통해 이 세균을 옮긴다는 쥐에 대해 잠깐 살펴보자.

쥐를 좋아하는 사람이 많지는 않을 것이다. 인터넷을 떠도는 가십거리에 가까운 웹사이트www.wonderslist.com/10-mostfearable-things를 보면 '인간이 가장 무서워하는 것 10가지'라는 내용의 글이 있다. 잠깐 생각해보자. 여러분이 가장 무서워하는 것은 무엇인가? 어릴 적 내가 두려워했던 것 세 가지는 계단, 유리, 그리고 여자였다. 이유를 묻지는 마시기 바란다. 지금은 그렇지 않으니까. 그러나 계단과 유리는 지금도 무섭다.

어떤 통계에 의한 것인지는 모르겠지만 계단과 유리는 열 개 항목에 끼지 않는다. 10등부터 열거해보자. 10위는 비행이다. 개가 9위, 거미는 8위, 7위는 쥐다. 검은색 집쥐, 생쥐 다 포함이다. 6위는 죽음이고 이어서 피, 높은 곳, 어둠, 천둥번개이다. 그렇다면 1위는 무엇일까? 아마 답은 이미 짐작하고 있을 것이다. 바로 뱀이다. 다니엘 에버렛(Daniel Everett, 1951~)이라는 언어학자가 쓴 책 《잠들면 안 돼, 거기 뱀이 있어Don't Sleep, There Are Snakes》는 언어학의 현장 연구 방법에 대한 것이지만 저자가 30여 년에 걸쳐 피다한 부족들과 함께한 내용을 담은 인류학적 가치가 있는 책이기도 한다. 의식적으로 '내가 너보다 훨씬 커'라고 주문을 외워도 뱀은 무섭다. 미국에 살면서 잔디 깎다 마주친 가터뱀이 그랬다. 길이가 1미터도 안 되는 가느다란 뱀이었다. 아마존의 정글에 사는 뱀은 훨씬 큰 데다 맹독성일 가능성이 높다. 원숭이들도 뱀을 무서워한다. 한 번 마주친 적이 없는데도 그렇다. 쥐를 무서워하는 것은 개인차가 있는 듯이 보인다. 〈응답하라 1988〉이라는 드라마를 보면 바둑 두는 최택 아빠가 포장마차에서 '쥐 나왔네' 소리를 듣고 나무 의자로 사뿐히 뛰어오르는 장면이 나온다. 나도 직접 그 장면을 본 적이 있었기 때문에 살며시 미소가 피어났었다. 흰쥐는 실험용으로 빈번히 사용하지만 그래도 여전히 두려워하는 사람들이 있다. 반면 애완용으로 햄스터를 키우는 사람들도 있다.

'절벽 생태학'은 우리에게 매우 낯선 용어이다. 심지어 과학자에게조차도 금시초문이라고 할 정도이다. 절벽 생태학은 말 그대로 절벽에 서식하는 생명체와 그들을 둘러싼 환경 모두를 아우르는 말이다. 중동 지역 절벽에 지어진 집을 본 사람들이 있을 것이다. 절벽은 습도가 적당해서 잘 뚫기만 한다면 초기 인류의 서식처로 자리잡기에 모자람이 없었을 것이다. 사실상 절벽은 생물학자를 포함하는 과학자들이 가장 관심을 덜 기울인 장소이다. 내가 절벽 생태학이란 용어에 관심을 두게 된 동기는 가령 아파트나 빌딩에서 서식하는 생명체들은 어떤 기원을 가지고 있을까에 관심이 있었기 때문이다. 비둘기는 왜 인간의 서식처에서 '쥐가 된' 새라는 오명을 뒤집어쓰고 살게 되었을까?《절벽 생태학Cliff Ecology》이라는 책을 쓴 덕 라르손(Doug Larson)은 쥐나 비둘기 혹은 박쥐가 과거 절벽에 거주하던 인간과 함께 살던 기억을 공유하고 있기 때문이 아니겠냐는 가설을 펼친다. 라르손이 '도시 절벽 가설'이라 이름한 것이다. 물론 증거는 많지 않다. 초가집 처마에 깃들어 살던 참새도 절벽에서 살다가 인류 사회에 편입된 것일까? 잘 모른다. 그는 1846년에 간행된 책을 인용하면서 절벽 바위틈에 사는 쥐 같은 동물을 언급하기도 했다.

우리가 지금부터 살펴볼 것은 검은 색 집쥐이다. 쥐는 번식력이 매우 좋다고 한다. 한 배에 여러 마리의 새끼를 낳는다. 지금까지 집쥐가 섭렵하지 못한 대륙은 극지방뿐이다. 그렇지만 지금은 인간의 서식처를 쫓아 알래스카의 섬까지 서식처를 넓혔다. 인간의 주식인 곡식을 공유하는 쥐들이 본격적으로 인간 사회에 편입된 때는 아마 농경의 시작과 관련이 있을 것이라고 생각하는 것은 이치에 맞는다. 그런데 그보다 훨씬 전에 인간 집단 근처에 쥐들이 있었다는 연구 결과가 나왔다. 2011년 〈플로스 원〉이라는 잡지에 실린 논문이다. 제목은 다음과 같다.

> 검은 쥐는 지구 곳곳에서 여러 차례 기원했고 복잡한 역사를 거쳐 인간 사회에 진입했다.

검은 색 집쥐는 아시아 출신

얼마 전까지만 해도 마치 전설처럼 내려오는 쥐에 관한 얘기가 있었다. 인도 북부와 방글라데시, 미얀마에 걸친 대나무 숲에 살던 쥐가 50년마다 떼 지어 내려오며 길목의 모든 식량을 죄 흠집 낸다는 것이 주된 내용이었다. 2010년 그린위치 대학의 스티븐 벨메인(Steven Belmain) 박사는 무슨 일이 일어났는지 자신이 연구한 바를 대충 이렇게 설명했다.

인도 북부의 대나무 숲은 약 2만 6천 평방킬로미터에 걸쳐 있다. 남한 면적의 4분의 1에 해당하는 면적이다. 전라남도와 경상남도, 부산 울산을 합친 것보다 넓은 지역이다. 1958년 10월 29일 미조람 지방 자치단체는 인도 정부에 대나무에 꽃이 필 것이라고 알리고 도움을 요청했다. 대나무 꽃이 피는 것이 무슨 재앙이라도 되는 것일까? 대나무는 여러 종류가 있지만 이 지역의 대나무는 50년마다 꽃이 핀다고 알려졌다. 그러니까 매 50년 중 49년 동안은 지역 주민들은 대나무로 바구니도 만들고 옷, 우산 등을 만들기도 하고 죽순도 먹을 수 있기 때문에 엄청난 혜택을 누리며 살아간다.

다른 나무들과 달리 대나무가 가진 특징이 몇 가지 있다. 제목은 기억나지 않지만 노익장을 과시하는 가수 장사익의 노래에 다음과 같은 가사가 있다.

밤이 깊은 푸른 기차를 타고 대꽃이 피는 마을까지 100년이 걸린다.

속이 빈 대나무의 매듭진 통 하나하나를 기차간으로 보면 저런 식의 비유가 가능하겠구나 싶은 노래다. 담양에서나 살 법한 웅장한 대나무가 꽃을 피우는 것은 100년에 한 번씩이다. 어떤 사람은 80년이라기도 한다. 나도 사진으로 말고 대나무 꽃을 실제로 본 적은 없다. 고구마도 꽃을 피우지 않는다. 그러니 열매를 맺지도 않는다. 대신 이들은 땅 속에 뻗은 뿌리를 통해 번식한다. 우후죽순을 직접 눈으로 보면 그런 장관이 없다. 비가 온 후 죽순이 올라오고 채 일주일이 지나지 않아 어린 대나무 싹은 다 큰 어른 대나무 못지않게 훌쩍 자란다. 인도산 대나무는 꽃이 피면 바로 씨를 맺고 바로 말라 죽는다. 문제는 모든 대나무가 한꺼번에 그런 의식을 성대하게 치른다는 사실이다. 갑자기 엄청난 양의 식량을 얻은 쥐는 그야말로 먹고 번식하고 새끼를 키우는 일 말고는 아무것도 하지 않는다. 쥐의 개체수가 그야말로 맬더스의 '기하급수' 식으로 늘어난다. 먹을 것이 존재할 때까지 쥐의 개체수를 제한하는 요소는 아무것도 없다.

대나무는 벼, 옥수수와 함께 벼과에 속하는 식물이다. 대나무는 평생 단 한 번 꽃을 피우고monocarpic 열매를 맺는다. 이에 필적하는 동물을 들라면 단연 연어이다. 연어도 한 번 알을 낳고 정자를 쏟아붓는다. 그리고 바로 죽는다. 왜 이런 방식의 생존 전략이 등장하게 되었을까? 몇 가지 이론적 모델을 써서 설명하려 들지만 아직은 잘 모른다고 봐야 할 것 같다. 다만 대나무 잎을 먹고 사는 판다 곰이 예기치 못한 시련을 겪거나 씨를 탕진한 쥐들이 메뚜기 떼처럼 곡식을 망치는 것을 구경할 도리 말고는 없을 듯하다.

전 세계에 폭넓게 퍼져 있으며 곡식을 갉아 먹고 전염병을 옮기는 탁월한 기예를 지닌 쥐는 중국 남부, 동남아에서 발원한 것으로 알려져 있다. 린네식 이름도 매우 쉽다. 래투스 래투스*Rattus rattus* 무슨 주문을 외우는 것 같다. 앞에 세 글자를 따서 영어로는 래트rat라고 한다.

아프리카에서 기원한 인류가 전 세계를 장악해가는 인류사적 과정은 비교적 잘 알려져 있다. 인간이 움직였던 경로를 따라 쥐도 움직였고 고양이도 그 뒤를 따라갔다는 얘기다. 그렇지만 검은색 집쥐의 고향은 중국 남부와 동남아시아이고 고양이의 고향은 근동아시아이다. 요르단 강 서안에서 발굴된 기원전 7천 500년 경 신석기 화석에서 고양이 화석이 인간의 뼈와 함께 발견된 것으로 보아 고양이는 처음으로 농경을 시작한 황금 초승달 지대 근처에서 인간 집단에 들어온 것 같다. 2016년 연구에서는 중국에서도 독자적으로 고양이가 가축의 대열에 끼어들었다고 밝힌다. 기원전 5천 500년 전 일이다.

쥐와 고양이의 운명적 만남은 언제 어디서 일어났을까? 잘 모른다. 중국에서 독자적으로 기원한 고양이가 끼어들면서 사정은 더욱 복잡해졌다. 하여간 2011년 호주의 연구진은 세계 각지의 검은색 집쥐의 샘플을 모아 그들의 유전자를 조사했다. 불행인지 다행인지 한국의 집쥐는 연구에서 빠졌다.

공동 연구자들과 함께 호주 캔버라의 캔 애플린(Ken P. Aplin)은 집쥐의 미토콘드리아 유전자를 조사했다. 시토크롬 b라고 하는 것인데 광합성 경로를 밝힌 로빈 힐을 언급할 때 다시 얘기하도록 하겠다. 미토콘드리아는 우리 세포 하나에 평균 200개가 들어 있다. 세포 발전소라고 흔히 불리는 세포 안 소기관이다. 서울을 하나의 세포라고 한다면 당인리 발전소가 200개쯤 있다는 의미이다. 그들이 생산한 전력을 서울 시민이 모두가 사용한다고 상상하면 틀리지 않을 것이다.

쥐의 공통 조상이 분기를 거듭하면서 현재의 모양새를 갖춘 것은 대략 18~24만 년 전이다. 인도의 북동부, 태국, 중국 남부에 걸쳐 존재하는 종과 인도 남부의 집쥐가 가장 가까운 근연관계에 있는 종들이다. 이제 인간만 나타나면 되었다. 인도 남부의 쥐는 중동아시아로 이동해, 거기서 남으로 마다가스카르를 거쳐 북서로 유럽까지 전파되었다. 각 지역에서 발견된 집쥐의 유전체가 그렇게 말을 하고 있는 것이다. 재미있는 사실은 인류 역사에 기록된 가장 비극적인 전염병 중 하나인 흑사병이 이들 집쥐와 관련이 있다는 말이다. 541년에 시작해서 그 다음해까지 이어진 페스트는 비잔티움을 포함하는 지중해 연안 전역에 걸친 전염병이었다. 이 전염병으로 수천만 명의 사람이 죽었다. 우리들은 이 사건을 6세기의 흑사병으로 부른다. 집쥐의 유전체 분석에 따르면 6세기 흑사병은 인도 남부의 집쥐와 관련이 있다.

역사상 가장 큰 규모의 전염병으로 불리는 14세기 흑사병은 중동에서 발견되는 집쥐가 관여한 것이었다. 반면 19세기의 중국의 흑사병은 중국 남부에서 기원한 것으로 추측했다. 어떻게 그런 관련성을 짐작하게 되었을까? 그것은 집쥐의 종이 다르면 그들이 옮기는 병원균도 조금씩 다르다는 결과에 기초한 것이다. 다시 말하면 페스트라고 다 같은 페스트가 아니라는 말이다. 그렇지만 2016년 〈사이언스〉에 실린 논문에서 막스 플랑크 연구소 요하네스 크라우제(Johannes Krause) 박사는 1347년 유럽에서 발병한 흑사병의 원인 세균이 유럽에 잠복하고 있었으며 18세기가 다 가도록 여기저기서 자신의 위세를 떨쳤다고 말한다. 지금까지 알고 있던 것처럼 흑사병의 원인균인 여시니아 페스티스*Yersinia pestis*가 아시아에서 유럽으로 갔다는 주장이 뒤집어지고 있는 듯하다. 그러나 온혈성인 쥐의 피를 빨아 먹고 사는 쥐벼룩이 페스트균을 옮기는 주요 매개체였다면 인간도 이 병원균을 옮기는 매개 동물 역할을 했을 가능성이 크다. 바로 금과 향신료를 찾아 나선 여행을 통해서이다.

페스트의 원인에 대한 논란은 앞으로도 계속될 것이다. 다만 우리가 관심을 기울여야 할 것은 인간과 동물, 동물의 피부에 깃들어

사는 기생 곤충, 그 곤충의 혈액에 살아가는 병원성 세균들이 변화무쌍하게 서로 영향을 주면서 살아왔고 앞으로도 그러할 것이라는 사실이다. 현재 한국 중부에는 어디선가 침투해 들어와 초목의 당분을 빼 먹고 사는 미국선녀벌레가 활보하고 있다. 그 사실을 알게 된 동료 미생물학자는 이렇게 말했다. "곤충도 저렇게 쉽게 들어오는데 세균들은 훨씬 더 쉽게 오고 가겠지요?" 나는 그 말이 옳다고 생각한다.

페스트가 주제가 아니기 때문에 이제 정리하도록 하자. 지금까지 화석 유골이나 세균의 유전체 분석을 통해 밝혀진 바에 의하면 페스트균은 쥐와 상관없이 인간 사회에 잠복하고 있었다. 그 균 중 하나가 벼룩의 소화기관에 침투하는 기예를 찾아냈고 그 덕에 쥐벼룩을 달고 사는 집쥐가 인류사의 격변을 동반하는 흑사병의 매개자가 되었다. 사람의 호흡을 통해 매개되는 전염병은 일반적으로 숙주인 인간을 크게 손상시키지 않는다. 사람이 죽어버리면 세균에게도 이로울 것이 없게 되기 때문이다. 그러나 제3의 매개자가 생긴다면 그 세균은 사람 따위는 거들떠도 보지 않는다. 물을 통해 전염병을 옮기는 콜레라가 대표적인 것이다. 사람의 배설물을 통해 옮겨갈 수 있다면 사람은 더 이상 안중에 없는 것이다. 그러나 감기를 옮기는 바이러스는 적당히 사람이 기신기신 일을 하면서 여기저기서 기침을 하도록 유도한다. 그것이 자신의 유전자를 후세에 전달하는 가장 효과적인 방법이기 때문이다.

노스트라다무스와 육두구

《예언서》를 써서 우리에게 친숙한 노스트라다무스(Nostradamus, 1503~1566)는 원래 페스트를 치료하던 의사였다. 1955년에 출판된 그의 불어책 제목을 보면 '프로펫Les Propheties'이다. 자신의 사후 사람들이 말 대신 차를 타고 다닐 것이라 예언했다는 내용도 들어 있다. 땅을 주름잡아 거리와 시간을 당기는 그 장치의 이름은 카로(carro)라고 했다. 2001년 뉴욕의 쌍둥이 빌딩이 무너진 9·11 테러 당시 구글에는 '오사마 빈 라덴'보다 노스트라다무스를 검색어로 입력한 예가 더 많았다고 한다. 하여간 어린 시절부터 그는 수학과 점성학에 관심이 많았다고 한다. 베르나르 베르베르가 쓴 책에 따르면 그는 첫 아내와 자식들을 페스트로 잃었다. 그래서 한동안 우울증에 시달리다가 이탈리아 시칠리아에서 이슬람 신비주의자를 만났고 육두구 열매를 먹으면서 의식의 장벽을 넘는 방법을 터득했다고 한다.

육두구가 대체 무엇이길래 노스트라다무스는 접신의 경지에 이르게 된 것일까? 육두구는 내가 수업시간에 사용하는 교재인《생약학》에 수록된 식물 중 하나이다. 이 식물의 열매는 달걀 모양이고 길이가 2~3센티미터 지름이 1.5~2.5센티미터이다. 아몬드 정도의 크기라고 보면 될 것 같다. 육두구 씨에는 정유성분이 8~15퍼센트

들어 있다. 그리고 환각 작용을 나타내는 물질인 미리스티신myristicin 이 4퍼센트가 들어 있다고 한다. 열매를 너무 많이 먹으면 죽을 수도 있다. 그러므로 노스트라다무스는 환각 상태에서 본 것을 시로 적은 것이라고 볼 수 있다. 하지만 평소 육두구는 소화가 안 돼서 배가 더부룩할 때 혹은 위를 건강하게 하는 소화제로 사용되었다. 사실 향신료로 사용되는 대부분의 식물은 위를 건강하게 하는 건위 작용을 지닌다. 육두구에 함유된 정류 성분을 보고 있으면 소나무 아래에서 맡는 향기에 더해 파스 향도 날 것 같다. 정유는 식물이 만들어내는 휘발성 물질을 몽땅 지칭해서 부르는 말이다. 그렇기 때문에 정유를 듬뿍 포함한 식물은 향신료로 사용될 가능성이 많다. 마늘, 생강, 후추, 계피, 울금(카레) 등이 여기에 속한다. 이들 식물은 모두 분자량이 작은 화합물을 가지고 있다. 다시 말하면 공기 중에 쉽게 날아다닐 수 있다는 말이다. 날아다니기 때문에 붙박이 식물들끼리 서로 대화할 때 이런 정유 성분이 사용될 가능성이 크다. 더 자세히 얘기하지는 않겠지만 초식동물 한 마리가 다가와 잎을 덥석 물자마자 터져 나온 이 정유 성분이 주변의 모든 식물에게 경고의 메시지를 보낸다.

육두구는 인도차이나가 원산지이지만 나중에는 동남아시아에서도 재배되었다. 아라비아의 향료 상인을 통해 유럽에 전해진 것은 11세기가 지나서였다. 대항해시대라고 일컫는 16~18세기 후반까지 육두구는 후추 등과 함께 매우 값비싼 가격으로 유럽에서 거래되었다. 육두구는 고기나 생선의 잡스런 냄새를 없애는 데 사용되거나 약재로도 사용되었다. 14세기 이후 페스트가 유럽을 휩쓸었을 당시 페스트가 냄새를 통해 이동한다고 믿었던 유럽 귀족들은 이 육두구 추출물을 몸에 뿌리거나 지니고 다녔다. 그러니까 노스트라다무스도 육두구에 대해서는 이미 알고 있었다고 보아야 한다.

고대에는 동양의 향신료가 인도를 통해 로마로 들어왔다. 중세에는 이슬람 상인이 인도양을 경유하는 향신료 무역을 독점했다. 그 뒤에는 베네치아 공화국이 이집트와 오스만 제국으로부터 향신료 수입을 독점했다. 이슬람 세력이 현재 터키 이스탄불을 중심으로 세력을 펼치던 콘스탄티노폴리스를 점령하고 오스만 튀르크 제국을 건설한 것이다. 그때가 1453년이다. 따라서 인도 혹은 동남아를 경유하던 육상 무역 항로가 막혀버렸다. 바야흐로 대항해시대가 열린 것이다. 15세기 후반 포르투갈을 시작으로 스페인이 먼저 대서양에 배를 띄웠다. 이전에는 육지를 따라 인도양을 돌았다면 나침반과 항해 기술로 무장한 포르투갈과 스페인 탐험대는 대서양을 건너 중남미 대륙으로 혹은 대서양 서쪽을 돌아 희망봉을 끼고 인도양으로 혹은 남미의 동쪽을 돌아 태평양으로 나가기도 했다. 우리가 잘 알고 있는 콜럼버스, 마젤란, 바스코 다 가마가 활동하던 시절이다.

이들은 신대륙 혹은 아시아에서 맘껏 금과 은 혹은 유럽에서 볼 수 없었던 진귀한 식물을 들여왔다. 유럽 대륙이 지중해를 대신해서 상업의 중심지로 급부상한 것이다. 스페인과 포르투갈을 이어 대항해시대에 합류한 나라는 네덜란드이다. 17세기를 '네덜란드의 세기'라고 부를 정도로 신대륙의 은, 아시아의 향신료 그리고 유럽의 물산이 암스테르담으로 모였다. 여담이지만《하멜 표류기》를 쓴 헨드릭 하멜(Hendrik Hamel, 1630~1692)은 동인도 회사의 서기 겸 상인이었다. 1652년 상선 스페르베르 호를 타고 일본 나가사키로 가던 중 제주도 근해에서 풍랑을 만나 난파되었다. 선원 64명 중 36명이 한국 땅에 표류하게 된 것이다. 북벌을 계획했다던 효종조 즈음이다. 아무튼 하멜은 13년 후 한국을 탈출했는데 그 동안 회사에서 받지 못했던 월급을 청구하기 위해 일기처럼 적어 놓은 것이 그 표류기라고 한다.

아일랜드에서 태어난 영국 작가 조나단 스위프트(Jonathan Swift, 1667~1745)의《걸리버 여행기》가 단순한 여행기가 아니라 영국에 대한 지독한 풍자로 가득한 책이라는 사실을 사람들은 잘 알지 못한다. 다른 것은 그만두더라도 4부로 구성된《걸리버 여행기》에는 자폰(japon)국이 등장하고 야후(yahoo)라는 인간 비슷하게 추한 생명체도 등장한다. 자폰이라는 섬 옆 바다 이름이 한국해(sea of corea)로 표기된 그림이 등장한다는 것을 사족으로 붙인다. 걸리버는 의사 견습생으로 훈련받았고 바다를 동경하다가 네덜란드로 가서 항해술과 물리학을 공부한다. 17세기가 네덜란드의 시대였다는 점은 걸리버 여행기를 보아도 짐작할 수 있다.

네덜란드의 융성을 가능하게 한 원동력이 가시 많기로 유명 짜한 청어라는 생선이었다는 말은 좀 과장된 측면이 있겠지만 네덜란드의 전통 산업인 청어 잡이가 이들 국가의 조선업을 발달시킨 것은 사실이다. 예를 들면 배를 만드는 비용이 영국보다 30~40퍼센트가 쌌다고 한다. 1670년 당시 네덜란드가 보유한 배의 총 숫자는 영국의 세 배였으며 유럽의 나머지 국가가 가진 배를 모두 합친 것보다 많았다고 한다. 그렇지만 유럽 제일의 모직물 산업에 기초를 둔 영국이 네덜란드의 뒤를 이어 유럽 경제, 나아가 세계 경제의 중심에 서게 되었다. 여기까지만 얘기하자. 축적된 자본, 값싼 노동력 그리고 과학의 진보가 합쳐지면서 유럽은 산업혁명의 흐름에 휩싸이게 되었다.

약제사의 아들이고 의학을 공부한 독일의 한 젊은 친구가 네덜란드령 동인도 제도(자바섬)를 향하는 배에 승선하게 되었다. 그 항해에서 그 젊은이가 본 것은 과연 무엇이었을까?

제7장

적도에서 피는 더 붉다

: 함께 쌓아올리는
양적 축적의 구조물

그 젊은이의 이름은 로버트 메이어(Robert Mayer, 1814~1878)였다. 로버트는 산업화가 급격히 진행되면서 인구가 급증하기 시작한 독일 남서부 하일브론에서 태어났다. 어릴 적부터 화학과 물리 실험에 빠져 있었고 약사였던 아버지의 영향을 받아 린네식 명명법을 딴 식물의 이름을 대충 알았다. 가령 쌀을 보고 그 아버지가 오리자 사티바*Oryza sativa*라고 교육을 시켰던 모양이다. 학교를 파하고 집으로 돌아오면 집 근처 넥카 강으로 가서 물레방아를 관찰하고 그것을 만들어보려고 노력했다. 크리스마스 선물로 아버지에게 아르키메데스 나선 모형을 받게 된 뒤부터 그는 그것으로 양수기를 만들려고 골몰했던 것 같다. 요즘 공원에서 파는 회오리 튀김 감자 모양이 바로 아르키메데스 나선 모양이다. 위쪽에 있는 손잡이를 돌리면 아래쪽에 있는 물을 위로 끌어 올리게 되어 있는 장치이다.

튀빙겐에 있는 의과대학에 입학한 메이어는 생리학, 의학, 자연철학 등을 공부했다. 1837년에는 친구들과 휩쓸려 흡혈귀 및 죽음에 대해 숭배하는 일종의 모임을 만들고 목에 이상한 모양의 칼라를 달고 다니다 경찰에 구금되어 정학 1년을 받게 된다. 그 뒤 스위스, 뮌헨, 비엔나 등지를 쏘다니다가 다시 학교로 돌아온다. 별 생각 없이 돌아다녔나보다. 학교에 복학한 메이어는 의과 대학 시험을 치르고 졸업 논문을 발표해 학업을 마친다. 졸업 논문은 산토닌이라는 물질에 구충 작용이 있다는 내용이었다.

산토닌은 나도 잘 아는 이름이다. 아니 한 움큼 먹어보았다고 해야 할 것이다. 내 초등학교 시절 고사리만 한 두 손에 산토닌 정제 수십 알을 먹고 운동장에서 회충을 배설했던 기억을 어떻게 잊겠는가? 산토닌을 포함하고 있는 시나화는 국화과 식물이고 쑥하고 비슷하게 생겼다. 2015년에 중국 과학자 투유유(屠呦呦, 1930~)에게 노벨상을 수여하게 된 아르테미시닌artemisinin이라는 물질도 인진쑥이라는 국화과 식물에서 추출한 것이다. 아르테미시닌은 말라리아 열원충을 효과적으로 죽일 수 있다고 알려진 물질이다. 사족이지만 산토닌, 아르테미시닌 모두 탄소가 다섯 개인 이소프렌 레고 블록 세 개를 쌓아 올려 만든 물질이다. 따라서 이들 물질의 뼈대를 이루는 탄소 숫자는 5의 배수이다.

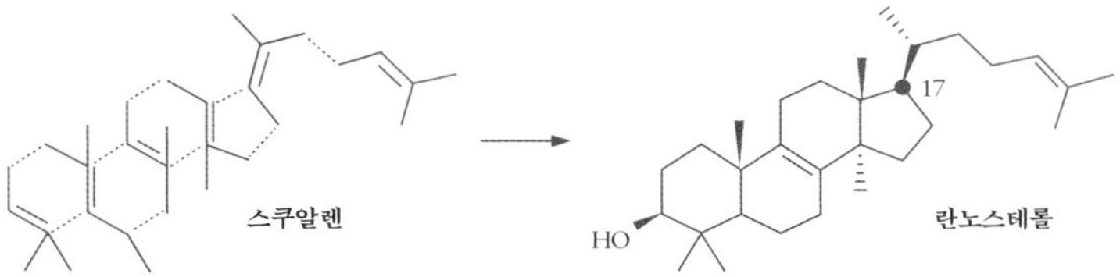

스쿠알렌

HO 17 란노스테롤

이소프렌 블록은 사실 고세균의 발명품이다. 나중에 고세균과 세균이 합체하고 진핵세포로 넘어 오면서 고세균의 세포막을 만들었던 이소프렌 블록은 식물의 이차대사산물을 만드는 훌륭한 도구로 전환되었다. '천천히' 움직이는 식물계는 동물의 근육을 대체할 화합물을 엄청나게 많이 구비했다. 우리는 그것을 이차대사산물이라고 부르고 약물로 사용하려고 애를 쓴다. 투유유의 아르테미시닌도 이소프렌 골격을 갖는 이차대사산물이다.

회충이건 십이지장충이건 눈에도 식별이 가능한 이들 기생 생명체가 인간의 소화기관에 살아가고 있었던 역사는 무척 오래 되었을 것이다. 아니 오히려 그들이 인간과 결별하게 된 역사가 무척이나 짧았다고 해야 옳을 것이다. 미국이나 유럽 약전을 보아도 20세기 중반까지는 최소한 산토닌을 복용했다. 몸속에 회충과 같은 기생충이 있었다는 말이다. 이들은 개나 고양이처럼 인류 사회에 포함된 채소를 재배할 때 거름으로 사용되던 인분에서 비롯되었다.

얘기가 좀 길어지긴 했지만 여하튼 메이어가 살던 시절에도 독일인들 소화기관에 기생충이 살고 있었던 것은 분명해 보인다. 어떤 이유로 메이어가 동인도로 갈 생각을 했는지 모르지만 그의 전기를 읽고 있으면 어려서부터 꼭 동인도를 가고 싶어 했다는 얘기가 나온다. 그래서 독일인임에도 불구하고 그는 1839년 네덜란드 상선의 항해에 참여할 수 있는 의사시험을 치렀다. 그리고 승선을 기다리는 동안 파리에서 친구들 혹은 친구의 친구들하고 빈둥빈둥 놀았다.

적도의 붉은 피

마침내 1840년 2월 로테르담에서 메이어는 자바로 향하는 배에 승선하게 되었다. 메이어는 노벨상이 제정되기 전에 죽었기 때문에 그 상하고는 아무런 관계가 없지만 자격은 충분히 갖추었다고 생각된다. 의사였기 때문에 물리학 용어로 열역학 법칙을 설명하는 데 곤란을 겪었지만 결국 자신의 언어로 자신의 생각을 정리할 수 있었고 또 그 생각을 물리학 용어로 설명하고자 혼신의 힘을 다했기 때문이다.

대신 그는 영국 학술원에서 제공하는 코플리Copley 메달을 받았다. 줄(James Prescott Joule, 1818~1889)에 이어서 메이어가 1881년에, 이태 후 열역학 법칙으로 후세에 이름을 남긴 헬름홀츠(Hermann von Helmholtz, 1821~1894)도 그 상을 받았다. 물리학과 생물학 분야에서 뛰어난 과학적 업적을 인정하는 상으로는 가장 오래 되었으며 영국 왕립 협회가 1731년부터 수여하고 있다. 조선 영조 7년경의 일이다. 영국 지질학회를 창립한 찰스 라이엘(Sir Charles Lyell, 1797~1875)이 1858년, 찰스 다윈은 1864년에 이 상을 수상했다. 루게릭병을 앓으면서도 블랙홀 이론을 확립한 스티븐 호킹(Stephen William Hawking, 1942~2018)은 2006년에 이 상을 받았다.

자바 섬으로 향하는 망망대해에서 메이어는 바닷물이 따뜻해지면 폭풍우가 생긴다는 선원들의 잡담을 귓전으로 들으며 소일했다. 자바에 도착한 어느 날이었다. 유럽에서 온 선원 중 하나가 폐렴이 있어 이를 치료하는 도중 메이어는 이상한 현상을 목격하게 되었다. 환자의 정맥에서 빼낸 피의 색이 무척이나 선홍색이었다. 순간 그는 자신이 환자의 동맥혈을 잘못 건드렸나 의심했다. 독일에 있는 동안 환자들에게서 보던 정맥혈과 사뭇 다르게 더 밝고 붉었기 때문이었다. 재차 확인해보았지만 정맥혈이 틀림없었다.

밤에 숙소로 돌아온 메이어의 머릿속에는 붉은 색이 선명하게 각인되어 있었다. 그는 혈액의 생리학에 대해 탐구하기 시작했다. 의사로서의 임무를 다하면서도 그는 하루 한 번 혹은 두 번 과학적인 연구를 지속했다. 또 인간 생리학 책을 뒤지고 또 뒤졌다. 그야말로 혈액을 둘러싼 인체 생리학에 몰입한 것이었다. 그가 생각한 추론은 대략 이러했다.

근대화학의 아버지로 불리는 프랑스 출신 앙투안 라부아지에(Antoine-Laurent de Lavoisier, 1743~1794)의 연소 이론에 근거하면 연소된 음식물에서 얻은 힘은 근육을 움직이거나 체온을 일정하게 유지하는 데 사용되어야 했다. (날씨가 추운) 유럽에 비해 적도에서는 주변 환경으로 열이 덜 전달될 것이다. 따라서 적도 근처에서 피의 색이 차이가 나는 것은 혈액 안에 산화 반응물이 적기 때문이다.

일단 라부아지에가 얘기한 연소 이론이 무엇인지 잠깐 살펴보자. 라부아지에는 산소를 발견한 세 명의 과학자 중 한 사람으로 꼽힌다. 지금은 공기가 무엇으로 구성되어 있는지 대충 외워서 알고 있지만 그 수치가 어떻게 나왔는지는 잘 모른다. 더구나 직접 그 수치를 알아내야 하는 상황이라면 현대의 과학자라도 선뜻 이렇다 얘기할 사람은 그리 많지 않을 것이다. 산소를 발견했지만 스스로는 성직자라고 생각한 조지프 프리스틀리(Joseph Priestley, 1733~1804)는 산화수은을 가열했을 때 생기는 어떤 기체가 촛불을 더 환하게 밝히는 실험을 했다. 짐작하겠지만 어떤 기체가 바로 산소다. 칼 빌헬름 셸레(Carl Wilhelm Scheele, 1742~1786)도 독자적으로 산소를 발견했다. 그러나 스웨덴어 말고는 발표하지 않았기 때문에 주류 과학계 인정을 받지 못했다. 라부아지에는 밀폐된 공간에 산소의 양이 많으면 동물이 오래 버틸 수 있다는 사실을 발견했다. 생물학 입장에서 매우 중요한 과정 중 하나인 호흡에 대해서도 언급했다.

그는 호흡 과정에서 산소가 흡수되고 이산화탄소가 방출된다는 것도 확인했다. 따라서 동물이 들이마신 산소는 '느린' 연소 반응을 촉발시킬 것이라고 보았다. 라부아지에는 이 연소반응이 허파에서 일어나고 거기에서 생기는 열은 혈액을 통해 전신으로 공급될 것이라고 추측했다.

따라서 이런 사실을 숙지하고 있던 메이어가 다다른 추론은 결국 적도 근처에서는 산소가 적게 사용된다는 것이었다. 잘 알다시피 폐로 들어온 산소는 동맥을 통해 전신으로 공급된다. 그리고 전신에 산소를 내려놓은 혈액은 다시 폐로 들어와 새로 호흡한 산소를 받는다. 산소를 머금은 동맥의 피는 정맥 피보다 더 붉다. 산소를 부린 정맥의 피는 선홍색을 잃는다. 그렇다면 특히 겨울에 북유럽인의 피가 더 푸른빛을 띨 것이라고 예상할 수도 있겠다. 신체가 최대한의 산소를 소비하고 체열을 올리려 할 것이기 때문이다.

동물의 폐를 통해 들어온 산소가 연소 반응을 일으키는 장소가 허파라는 라부아지에의 말은 틀렸다. 그 장소는 전신에 퍼져 있는 세포 안의 미토콘드리아가 맞다. 미토콘드리아는 세포 내 발전소라고 얘기한다. 그러나 구조적으로 좀 더 정확히 말하면 전자 전달계라고 불리는 미토콘드리아 내부의 단백질 복합체를 발전소라 부르는 것이 이치에 맞을 것이다. 미토콘드리아에는 내부를 둘러싸고 있는 두 개의 막이 있다. 이 두 개의 막 사이 공간을 압록강이라고 한다면 전자 전달계 단백질 복합체는 수풍 수력 발전소에 해당할 것이다.

우리 몸이 산소를 사용한다는 것은 무슨 뜻일까? 산소는 어디에 쓰이는 것일까? 라부아지에가 호흡은 느린 연소라고 얘기했던 점을 기억해보자. 모든 연소는 산소가 필요한 과정이다. 자동차가 달릴 수 있는 힘도 산소를 이용해서 석유를 구성하는 탄화수소를 태우는 화학 변화에서 나온다. 우리가 내는 자동차세는 결국 연소할 때 사용하는 산소에 지불하는 셈이다.

생명체는 포도당(물론 단백질도 있고 지방도 태우지만)을 태울 때 산소가 필요하다. 포도당은 탄소가 여섯 개인 화합물이다. 센트죄르지는 생명이란 전자의 흐름이라고 말했다. 포도당에서 유래하는 전자가 강물처럼 흐른 뒤 도달하는 마지막 종착지는 어디일까? 물이다. 물을 만들 때 필요한 것이 우리가 한시도 쉼 없이 호흡하는 산소인 것이다. 어미의 자궁에서 나와 첫 울음을 내놓는 순간부터 숨을 놓을 때까지 우리가 하는 일은 끊임없이 (거의 무의식적으로 이루어지는) 물을 만들어내는 행위이다. 그리고 그 과정은 미토콘드리아에서 진행된다.

포도당을 먹고 산다는 것?

포도당 한 분자를 분해할 때 나오는 에너지는 몰 당 686킬로칼로리이다. 1몰의 포도당은 그냥 쉽게 말해서 쌀밥 180그램을 먹은 것과 같다고 보면 된다. 포도당 180그램이 완전히 산화되면 38몰의 ATP가 생긴다. 생물 시간에 달달 외운 내용이다. 또 1몰의 ATP가 가진 에너지량은 7.3킬로칼로리이다. 따라서 가장 효율적일 때 우리 인간의 세포가 가진 에너지 효율은 (38×7.3)/686×100 = 40퍼센트 정도이다. 그 나머지는 열에너지 형태로 변환되어 체온을 유지하는 데 사용된다. 그러므로 적도에서 열에너지를 쓸 필요가 없다면 포도당을 산화시켜야 하는 부담도 줄어들어야 맞다. 뒤에 등장하겠지만 로버트 메이어가 동인도에서 발견한 현상이다.

인간 세포의 효율이 40퍼센트 정도인 것은 인간 세포 안에서 곁방살이를 하고 있는 미토콘드리아 덕분이다. 이들은 포도당을 남김없이 산화한 다음 무기물질인 이산화탄소와 물로 변형시킨다. 이 효율성 덕택에 몇 단계의 먹고 먹히는 생태계가 유지된다. 가령 큰 동물이 작은 것을 차례로 잡아먹는 피라미드 생태계를 생각해보자. 각 단계가 진행될 때마다 에너지 손실이 일어나고 산소를 호흡하는 생명체들은 잡아먹은 에너지의 40퍼센트를 유지할 수 있다. 물론 효율이 최대치로 지속된다는 가정하에서 그렇다. 그러나 철이나 황, 메탄 등을 이용하는 세균이나 고세균의 호흡 방식은 효율이 많이 떨어져서 10퍼센트도 되지 않는다. 따라서 세균은 세균을 잡아먹고 살기가 팍팍하다.

포도당을 태우는 것은 자작나무 장작을 태우는 것과 다를 바가 없다. 열이 나면서 이산화탄소와 물이 만들어진다. 우선 포도당을 반 토막 낸다. 탄소 여섯 개짜리 포도당을 반 토막 내면 탄소 세 개짜리 분자 두 개가 만들어진다. 탄소 세 개짜리 분자를 우리는 피루브산이라고 한다.

포도당을 반 토막 내는 데 2분자의 ATP가 소모되고 4분자의 ATP가 만들어진다. 결과적으로 2분자의 ATP가 생성된다. 생물학에서 이 과정을 발효라고 부른다. 2분자의 ATP가 만들어지는 발효의 경제학은 곤궁하기 그지없다. 미토콘드리아가 등장하면서 세포의 살림살이가 크게 폈다.

이 피루브산은 세포 안에서 곁방살이를 하는 미토콘드리아의 먹이이다. 곁방살이라고는 하지만 여차하면 주인인 세포를 죽일 수도 있다. 그렇기에 세포도 미토콘드리아를 잘 간수해야 한다. 미토콘드리아 안으로 피루브산이 들어가는 단백질 문이 발견된 것도 최근의 일이다. 이 문을 통해 미토콘드리아 안으로 들어간 피루브산은 탄소 하나를 더 잃고 초산으로 변한다.

초산은 신맛을 내는 식초의 주성분이다. 식초는 반응성이 없기 때문에 미토콘드리아는 식초를 활성형으로 만든 다음 구연산 회로라 불리는 연쇄적 순환 반응의 원재료로 사용한다. 구연산은 시트르산이라고도 부른다. 활성형 초산이 옥살산과 결합해서 회로의 첫

주자인 시트르산이 되고 이소시트르산, 케토글루타르산, 숙신산, 푸마르산, 말산, 옥살산 형태로 변형된다. 별일이 없다면 멈추지 않는 릴레이 경기가 치러지는 셈이다. '시케토숙푸말옥'이라는 장에서 다시 얘기하도록 하겠다.

자세하게 얘기하지는 않았지만 피루브산이 초산으로 변한 다음 구연산 회로에 편입되는 과정과 케토글루타르산이 숙신산으로 변환되는 과정은 훨씬 더디게 밝혀졌다. 다른 조효소들이 관여하는 복잡한 반응이었기 때문이다. 어쨌든 초산은 활성 형태를 띠고 회로를 마치고 돌아온 옥살산과 결합하여 카르복실기가 세 개인 시트르산으로 변화한다. 특별히 이 점을 강조하기 위해 크렙스 회로는 삼카르복실산 회로라고 불리기도 한다.

바로 이 지점, 다시 말해 활성형 초산은 보편적 에너지 통화라고 말할 수 있다. 지방산이 분해되면서 만들어지는 것도 초산이기 때문이다. 아미노산은 케토글루타르산으로 변화하면서 크렙스 회로에 들어온다. 그렇지만 다른 물질이 필요하다면 언제든 중간 대사체 물질을 빼 쓸 수 있다. 병원성을 갖는 일부 세균은 특정 대사 중간체를 병원성을 띠는 물질로 변화시킬 때 사용한다. 그럴 경우 크렙스 회로는 불완전한 형태가 될 수밖에 없다.

미토콘드리아 물방앗간 이야기

미토콘드리아는 막이 두 개다. 안쪽 막에는 계단식 폭포가 연이어서 여러 벌 자리하고 있다. 이제 하나의 폭포에서 무슨 일이 일어나는지 생각해보자. 물은 폭포 위에서 아래로 흐른다. 미토콘드리아 내부의 전자도 계단식 폭포를 따라 물이 흐르듯 아래로 흐른다고 상상해보자. 각각의 계단은 단백질로 구성되어 있고 전자와의 친밀감은 아래로 갈수록 커진다. 계단의 맨 아래에는 산소가 있다. 산소는 전기음성도가 큰 분자라고 흔히 말한다. 전자를 잘 끌어들인다는 말이다. 전자 욕심이 많은 산소는 계단을 내려오는 전자를 넙죽넙죽 받아서 음의 하전을 띤다. 불안정한 상태다. 이를 해소하기 위해 양의 하전을 띤 물질이 필요하다. 바로 그것이 양성자다. 산소 한 개에 두 개의 양성자(수소)를 받아들이면 산화제이수소, 흔히 우리가 물이라고 얘기하는 물질이 생성된다.

차근차근 다시 설명해보자. 양성자는 어디에서 온 것일까? 양성자는 수소 원자가 전자를 잃어버린 벌거숭이이다. 나중에 양성자는 다시 전자 옷을 입고 물에 합체된다. 방금 했던 얘기다. 곁가지는 다 치고 결론을 서둘러 얘기하면 양성자는 주로 포도당에서 온다고 해야 할 것이다. 포도당은 결국 식물이 매일 수행하는 광합성을 통해 만들어지기 때문에 두루뭉술하게 말하면 포도당이 머금은 태양 에너지가 인간의 자기 조직화를 가능하게 했다고 말할 수 있을 것이다.

전자와의 친밀함 정도를 화학자들은 전기 음성도로 표현한다. 예컨대 어떤 분자의 전기음성도가 크다는 말은 그 물질에서 전자를 박탈할 때 보다 많은 에너지가 소모된다는 의미이다. 산소에서 전자를 떼어내는 일은 결코 쉽지 않다. 대신 산소는 전자를 아주 좋아한다. 자동차에 못으로 상처를 내 보라. 금방 녹이 스는 것을 볼 수 있다. 철에서 전자를 뽑아내는 것이다. 화학적으로 철은 전자를 쉽게 내놓는다. 그 전자는 산소를 아주 좋아한다. 그렇기 때문에 대기에 21퍼센트의 산소를 가진 지구는 녹슨 상태다. 폭포 아래쪽 계단에 있는 단백질의 전기음성도가 위쪽보다 조금이라도 크다면 전자는 계단식 폭포처럼 위에서 아래로 흐른다. 그런 방식으로 전자는 아래쪽 계단을 향해 물처럼 흐른다. 다시 말하면 미토콘드리아 전자 전달계는 전기음성도가 점점 커지는 방향으로 단백질을 배치했다.

이렇게 위쪽 단백질에서 아래쪽으로 차례차례 전자가 이동한다는 말은 전자가 가진 에너지가 줄어든다는 의미도 포함한다. 그렇다면 계단을 지나며 줄어드는 에너지는 어디로 가는 것일까? 이번에는 좀 색다르게 '물레방앗간' 비유를 들어보자. 음식점 수조에 들어있는 작은 물방아를 연상해도 무리는 없을 것 같다. 여기서 물레방아는 각 계단 하나에 해당한다. 물레방아의 고정된 축에 방아를 연결하면 물이 떨어지는 낙차는 벼의 껍질을 벗기는 작업, 즉 일을 수행할 수 있다. 미토콘드리아 내막에 있는 물레방아 계단은 막을 가로질러 양성자를 외막과 내막 사이의 공간에 보내버린다. 그렇게 미토콘드리아 내막과 외막 사이에 양성자가 축적된다. 다시 말하면 이 사이 공간에 있는 양성자의 농도가 미토콘드리아 기질의 그것보다 열 배쯤 많아진다. 양성자 막을 사이에 두고 농도 기울기가 생기는 것이다. 이 기울기를 해소하기 위해 양성자는 다시 미토콘드리아 기질로 향하는 힘을 갖게 된다. 이 양성자와 기력을 쇠진한 전자, 우리가 호흡한 산소, 세 가지가 만난 삼위일체가 앞에서 말한 물이다.

지금까지 미토콘드리아에서 일어나는 일을 간단히 얘기했다. 그러나 나는 본질적으로 이 과정이 광합성에서 일어나는 일과 하등 다르지 않다고 생각한다. 왜 그럴까. ① 광합성은 결국 탄소 고정에 사용될 에너지인 ATP를 만들기 때문이다. ATP를 만드는 단백질은 세포의 바퀴이다. 세포가 인간보다 훨씬 먼저 바퀴를 발명했다고 말할 때 바로 ATP 합성 효소를 의미한다고 보면 된다. ATP 합성 효소가 돌아가면서 전자가 내려오고 물을 만든다. 그 사이에 다른 쪽에서 ATP가 만들어지는 것이다.

로버트 메이어가 적도 근처 자바 섬에서 유럽인 선원의 피가 더 붉다는 관찰을 한 것은 동맥에서 시작된 적혈구가 조직을 돌면서 산소를 충분히 배달하지 않았다는 의미를 띤다. 다시 말하면 일을 마치고 정맥으로 들어온 적혈구에 아직도 산소가 많이 붙어 있는 것이다. 적도 근처에서 세포의 대사율은 떨어진다. 열을 내야 할 필요성이 줄어들기 때문이다.

굳이 적도 근처와 온대지방을 비교하지 않더라도 이런 기초 대사의 차이를 확인할 수 있다. 계절 변화가 뚜렷한 지역에서는 여름보다 겨울에 기초 대사율이 높다. 여름은 적도, 겨울은 고위도 지방의 기온에 필적할 것이기에 여름의 정맥피가 더 붉다고 연역할 수도 있을 것이다.

로버트 메이어는 의사였지만 코플리 메달을 받은 이유는 열이 일과 서로 관련이 있고 더 나아가 에너지가 보존된다고 한 연구를 인정받은 까닭이다. 그래서 의사로서는 독특하게 메이어는 열역학 제1법칙을 최초로 제시한 사람으로 간주된다. 물론 정통 물리학 주류에 편입되지 못했기 때문에 자신의 학문적 권리를 쟁취하는 과정에서 많은 스트레스를 받았지만 마침내 그는 권리를 되찾았다.

왜 잔디는 푸르고 피는 붉은가?

로버트 힐(Robert Hill, 1899~1991)은 로빈(Robin) 힐이라고 불리는 영국의 식물 생화학자이다. 햇빛을 이용하여 식물이 탄소를 고정하는 광합성 과정 상당 부분을 밝혀냈지만 노벨상을 수상하지는 못했다. 1960년에 쓴 논문의 일부에서 로빈은 사뭇 신비스런 어조로 "왜 잔디는 푸르고 피는 붉은가라고 물었던 사람은 누구였던가?"라고 썼다. 맥락이 어찌됐든 이 질문은 곧 색소에 관한 것이다.

따라서 식물의 색소는 푸르고 동물의 색소는 붉다는 뜻이 된다.

색이 붉다 혹은 희다, 검다는 말이 의미하는 것은 무엇일까? 의식하건 그렇지 않건 색을 말할 때 우리는 물체, 빛 그리고 시각의 상호 작용을 암암리에 가정한다. 물체가 반사하는 빛이 드러내는 색을 우리 눈이 그렇다고 느끼는 것이다. 자세한 내용은 천천히 살펴보도록 하자.

로빈은 어려서부터 그림 그리는 것을 좋아했고 정원에 핀 꽃을 들여다보기를 즐겼다. 기숙학교에 다닐 당시 10대의 로빈은 하늘을 관찰하는 데 매료되었다. 20대에는 물고기 눈을 모방한 카메라를 만들어 하늘 전체를 피사체에 담기도 했다. 그림에 관심이 있었기 때문에 로빈이 대청woad이라는 시금치 비슷한 식물에서 푸른 색소를 추출했다는 사실은 그리 놀랍지 않다. 그래서 그는 과학자가 되지 않았다면 시골에 살며 그림을 그렸을 것이라고 상상하고는 했다. 남색 염료를 뽑아내는 쪽이라는 이름의 식물도 모양은 대청과 비슷해 보인다. 쪽은 청출어람이라는 숙어의 '람'에 해당하는 한국어이다.

1차 세계대전 중인 1917년 로빈은 살상용 독가스를 해독하는 부서에 배치되어 런던 생활을 시작했다. 그는 '불쾌하고 기침 나는 역겨운' 곳이었다고 런던 시절을 간단히 묘사했다. 대기 중에 풍부하게 존재하는 질소를 공업적으로 고정해 엄청난 양의 유기 질소를 사용할 수 있게 했다는 공로로 노벨상을 받은 프리츠 하버(Fritz Haber, 1868~1934)가 독일군의 독가스 공격을 주도했던 것이 1915년이었다. 하버는 소금물을 전기분해 하는 과정에서 염소 가스를 얻을 수 있었다. 공기보다 무거운 염소 가스는 연합군 병사 5천 명을 죽였고 1만 5천 명을 가스 중독에 빠뜨렸다. 1900년 당시 16억에 불과하던 인구가 100년 후 70억에 이르는 데 가장 큰 기여를 한 과학자로 인식되는 하버에 대해서는 질소를 고정하는 세균을 얘기할 때 다시 거론할 것이다.

365미터와 418미터

발견이든 발명이든 오직 한 사람의 공적이라 말할 수 있는 것은 없다. 양적인 축적을 질적 변화로 담보하는 사람은 소수이겠지만 과학이든 문학이든 어떤 사조가 팽배한 뒤 그것을 지양하는 다른 변혁이 등장할 것이기 때문이다.

어떤 면에서 보면 과학의 역사는 경쟁자의 역사이기도 하다. 그 대표적인 예는 테슬라와 에디슨일 것이다. 테슬라는 모르는 사람이 있겠지만 아마 에디슨은 모두가 알 것이다. 알을 품고 있던 소년으로도 잘 알려져 있고 잠을 적게 자라고 질타하는 침대 광고에도 등장하니 말이다. 그러나 결론적으로 말하면 테슬라의 많은 발명품은 에디슨이 훔쳐간 것이다. 에디슨은 성공했지만 사회적인 명예의 실추라는 보상도 함께 받았다. 테슬라는 기본적으로 그의 발명이 사회에 귀속되어야 한다고 생각했지만 결국 에디슨에게 귀속되었다. 결과적으로 그렇게 되었다는 말이다. 그렇지만 에디슨은 소수의 사람들조차 오랫동안 속이지 못했다.

일시적인 저항이 없었던 것은 아니지만 1847년 독일의 헬름홀츠는 역학적 운동이 열로 전환된다는 이론을 과학계에 인식시켰다. 반면 메이어는 계속된 좌절을 맛봐야 했다. 사고로 두 아이를 잃은 메이어는 자살을 기도하려고 한 적도 있었다. 건강도 악화되었다. 그렇지만 계속 나쁘지만은 않았다. 그는 실험을 계속했고 광합성이 태양에너지를 화학에너지로 변화시키는 과정임을 최초로 기술한 사람이 되었다. 또 계속되는 실험을 거쳐 "에너지는 만들어지지도 않고 파괴되지도 않는다"라고 말했다. 또한 그는 운동에너지가 열에너지와 동등한 것임을 밝히기도 했다. 물체를 365미터 높이에서 떨어뜨릴 때 생기는 에너지는 떨어뜨린 물체와 동일한 질량의 물을 1도씩 올릴 수 있다는 실험을 수행한 것이다. 지금 그 값은 418미터이다.

닫힌 계에서 에너지는 새롭게 만들어지거나 사라지지 않는다. 다만 그 모습을 변화시킬 뿐이다. 그러나 지구는 태양에서 끊임없이 에너지가 공급되는 열린 시스템이다. 그 에너지가 결국 자기 조직화를 가능하게 했고 그 과정을 인식할 수 있는 인간의 등장을 가능하게 했다.

100원짜리 눈깔사탕 열역학

열역학 법칙은 누구나 중요하다고 역설하지만 어느 누구 하나 나서서 발설하기를 꺼리는 주제이다. 어렵다는 말이다. 특히 생물학을 전공한 사람들은 더욱 그렇다. 내가 보기에 세포 생물학 입장에서 가장 직관적으로 열역학 법칙을 기술한 사람은《태양을 먹다 Eating the Sun》의 저자 올리버 몰턴(Oliver Morton)이다. 센트죄르지가 생명은 전자의 흐름이라고 말했을 때 그것은 전자에 포함된 태양에너지가 세포 내에서 열에너지와 양성자를 운반하는 작업으로 전환된다는 의미를 갖는다고 해석할 수 있다. 몰턴은 전자를 주고받는 반응, 즉 화학적으로 산화환원 반응이라고 하는 자유에너지의 관점에서 해석했다. 자유 에너지는 일로 전환 가능한 에너지를 말한다. 자유에너지가 줄어들면 화학적으로 혹은 생물학적으로 자발적인 반응이 진행된다. 그 결과 반응 생성물은 최초의 기질보다 더 적은 양의 자유에너지를 가진다. 따라서 반응이 진행됨에 따라 자유에너지가 방출된다. 방출된 에너지의 일부가 화학 반응이 순탄하게 진행되게 한다.

어려운 얘기다. 좀 쉽게 설명하는 방법이 없을까 고민하다가 문득 초등학교 문방구 앞에 있는 뽑기 기계를 보게 되었다. 지금은 얼마를 내면 되는지 모르지만 그냥 100원을 기계에 집어넣으면 사탕이나 조잡한 장난감이 들어 있는 플라스틱 공이 굴러 나온다.

100원을 총 에너지라고 생각하자. 소년은 이 100원을 갖고 뽑기 기계 앞에 섰다. 동전을 기계에 집어넣으면 돈은 사라진다. 대신 돈은 그에 상응하는 사용가치를 지니는지 어쩌는지 알 수 없지만 플라스틱 공에 들어간 사탕의 형태로 변환된다. 겉으로 보이지는 않지만 기계의 소유주는 이익의 형태로 100원의 일부를 챙겨간다. 생명체 내에서 플라스틱 공은 어떤 종류의 반응이다. 소유주가 챙겨가는 100원의 일부는 열에너지라고 얘기할 수 있다. 포도당의 연소 효율이 40퍼센트라고 말하면 소유주가 가져가는 60퍼센트는 열에너지의 형태로 전환된다.

에너지는 결코 만들어지거나 파괴되지 않는다

로버트 메이어는 제임스 프리스콧 쥴과 함께 열 혹은 일은 과정 process이라는 점을 밝혔다. 같은 말이겠지만 이들은 '열과 일은 곧 에너지를 전달하는 방법'일 뿐이라는 사실을 실험적으로 증명했다. 메이어는 유기체의 운동과 물질 대사를 연구했지만 쥴은 액체 속에 담긴 페달의 움직임이 어떻게 열로 변환되는지 연구했다. 세세한 수치는 조금 달랐지만 그들은 열과 운동이 서로 변환될 수 있다는 결론을 얻었다.

1845년 발표한 논문에서 메이어는 이렇게 적었다. "식물은 힘의 한 형태인 빛을 받아들인다. 그리하여 다른 종류의 힘을 만든다. 화학적 차이" 여기서 힘은 에너지 그리고 화학적 차이는 화학적 에너지로 읽을 수 있다. 결국 그는 식물은 유기 물질을 생산할 뿐만 아니라 그것을 먹는 생명체에게 에너지를 공급한다는 의미를 살려냈다. 광합성의 에너지학이 시작된 것이다. 메이어의 생각을 화학적으로 표현하면 다음과 같을 것이다.

CO_2 + H_2O + light → O_2 + organic matter + chemical energy

지구상의 거의 모든 생명체가 태양을 유일한 에너지원으로 사용한다는 것은 잘 알려져 있다. 빛 에너지, 결국 전자기 에너지가 화학에너지로 전환된다. 숫자를 써 보자. 매년 광합성을 통해 유기 물질에 저장되는 자유 에너지는 4×10^17킬로줄, 10^39개의 이산화탄소가 유기물질로 변하는 양이다.

그렇다면 광합성의 실마리를 밝힌 사람들은 누구일까. 그들은 어떤 방법을 이용해서 이런 스토리를 구성한 것일까?

텍사스 시민의 머리카락은 북부 로키산맥 인근 주민의 것보다 더 무겁다

기온이 높고 건조한 지역의 상수원은 그와 반대인 지역, 즉 습하고 기온이 낮은 지역의 물보다 무겁다. 듀테륨 함량이 더 많기 때문이다. 두테륨은 수소보다 두 배 무겁다. 그렇지만 우리는 두테륨을 수소의 형제로 여긴다. 양성자의 숫자가 원자 번호를 결정하기 때문이다. 수소나 두테륨이나 양성자의 숫자는 1개이다. 다만 두테륨은 중성자를 한 개 더 가지고 있다. 중성자의 숫자가 하나 더 많지만 양성자가 하나인 수소의 또 다른 형제는 트리튬이라 부른다. 듀테륨을 두 개 갖고 있는 물을 우리는 '무거운 물' 곧 중수라고 부른다.

바닷물에 중수가(듀테륨) 0.015퍼센트 함유되어 있다는 사실을 발견한 사람은 헤럴드 유리이다. 그러나 그 함량은 지역마다 다르다. 물이 중수보다 더 쉽게 증발하기 때문이다. 덥고 건조한 지역의 상수원에는 중수가 보다 더 많고 물이나 음식을 통해 들어온 물은 머리카락으로도 들어간다.

20세기 초반 이러한 동위원소는 광합성의 상세한 내막을 밝히는 데 사용되었다. 메이어가 예견했던 광합성 과정은 탄소 동위원소의 도움을 빌어 그 전모를 드러내게 된다.

멜빈 캘빈(Melvin Kelvin, 1911~1994)은 미국 미네소타주 세인트폴에서 러시아 유태계 이민자의 아들로 태어났다. 할로겐 원소의 전자 친화도를 연구하고 박사 학위를 취득한 캘빈은 영국으로 옮겨가 앞에서 언급한 포피린 상자를 공부했다. 할로겐 원소는 불소, 염소 등을 포함한다. 산소보다 전자와 더 친하다. 그렇지만 할로겐 원소는 생명체에 깊이 편입되지 못했다. 다시 미국으로 돌아온 캘빈은 조류algae의 재생, 암세포의 증식과 성장에 미치는 중수의 영향, 유기화합물의 색과 구조를 연구했다. 앞에서도 말했지만 포피린 상자 안에 마그네슘 원소를 끼워 넣으면 엽록소가 된다. 광합성 연구의 맹아는 이미 시작된 셈이다.

1945년 당시 버클리의 방사선 연구소장이던 실험물리학자 어니스트 로렌스(Ernest Lawrence, 1901~1958)는 캘빈을 불러 자신이 만든 탄소 동위원소를 어떻게 쓸 수 있을까 생각해보라고 제안했다. 캘빈은 각 분야의 연구진들이 자유롭게 토론하고 서로 협력하는 분위기를 최대한 살렸기 때문에 '열린 실험실'의 수장으로 불렸다. 물리와 화학 분야에서 개발된 실험방법을 생물학 연구에 적용한 것이었다. 광합성은 우선 물을 분해해서 전자와 ATP를 얻고 이산화탄소를 고정할 환원력을 가진 접착제를 구비한다. 이산화탄소를 붙들어매는 접착제는 물에서 뽑아낸 전자를 듬뿍 가지고 있는 물질이다. 비타민 C를 서술할 때 얘기했던 내용과 다를 바 없다. 비타민 C도 세포 내에서 진행되는 화학 반응에서 전자를 공여하는 물질이기 때문이다. 식물 세포에서 발견되는 수백 가지 화합물 중 어느 것이 이산화탄소로부터 만들어졌는지 구분할 때 캘빈은 탄소 동위원소를 사용했다. 과학적 진보의 수준이 캘빈의 아이디어를 실현시킨 것이다. 캘빈은 이산화탄소가 고정되는 과정 중간체 물질을 분리하는 2차원 크로마토그래피와 방사선 사진술 등 오늘날 분자생물학 분야에서 흔히 쓰이는 방법들을 개발했고 분광학적 분석 기법을 이용해 이들 화합물들의 구조를 하나하나 분석했다.

십여 년 각고의 노력 끝에 캘빈 회로가 탄생했다.

1961년 노벨 화학상은 캘빈에게 돌아갔다. 캘빈은 시상식 연설에서 '헛되고 잘못된 실험을 수행한 것처럼 보이는 많은 선배와 동료들이 있었지만 그들의 노력은 우리 모두가 만들어낸 구조물의 빌딩 블록이었다'라고 말했다. 여기서 언급하지 않았지만 캘빈 회로의 탄생에는 알베르트 센트죄르지도 커다란 역할을 했다. 이 헝가리 출신 과학자는 다음 장에서 다시 등장한다. 여기서 우리가 생각해볼 수 있는 사실은 과학에서 중복 발견은 매우 흔하게 일어난다는 사실이다. 과학에서도 정보와 지식의 양적 축적이 실현된 이후에는 질적 도약을 감행할 예리한 지성들이 언제든 등장한다는 뜻이다. 메이어와 같은 의사들, 헬름홀츠 또는 줄과 같은 과학자들은 토대를 쌓는 그러한 작업을 훌륭히 해냈다. 캘빈 회로를 다시 들여다보자.

제8장
시케토숙푸말옥
: 질적 도약을 가능하게 하는 질문

이 장의 제목은 '시케토숙푸말옥'이라고 적기로 했다. 혹시 어디선가 들어본 말 같지 않은가? 생물을 배웠다면 어렴풋하게나마 기억날 수도 있겠다. 그렇다. 바로 크랩스 혹은 구연산 회로라고 하는 포도당 대사 과정에 참여하는 물질의 머리글자를 모은 것이다. 수업시간에 나는 가끔 '미토콘드리아가 뭘 먹고 사느냐'고 학생들에게 질문한다.

몇 가지 짚고 넘어가자. 1913년 오토 바르부르크가 거칠게 분리했지만 활성이 살아 있는 미토콘드리아의 현대적 분석법을 마련한 사람은 록커펠러 연구소의 클로데(Albert Claude, 1899~1983)이다. 미토콘드리아는 세포 내부에서 호흡을 담당하는 소기관이다. 세포 내부에 들어가기 때문에 세포보다 작다. 얼마나 작을까? 세균의 평균 크기 정도이다. 그래서 우리 인간의 근육이나 간세포 등 이른바 진핵세포에는 미토콘드리아가 평균 200개 정도 들어 있다. 참고로 말하면 세균은 원핵세포라고 한다.

바르부르크는 이 소기관이 호흡을 담당한다는 사실을 짐작했다. 지금 대학교 생화학 교재로 사용되는 교과서의 저자인 레닌저(Albert L. Lehninger, 1917~1986)와 케네디(Eugene P. Kennedy, 1919~2011)는 미토콘드리아가 구연산 회로를 통해 피루브산을 산화시킬 수 있다는 것을 증명했다. 또 이 소기관은 지방산도 산화할 수 있었다.

이제 짐작하겠지만 미토콘드리아가 먹는 주된 식재료는 피루브산이다. 그렇다면 세포 안에 기거하는 이 소기관에게 피루브산을 공급하는 것은 무엇일까? 말할 것도 없이 세포질이다. 혈액을 통해 세포 안으로 들어온 포도당은 바로 결박을 당한다. 인산이라는 수갑을 채우기 때문이다. 도깨비불의 원인 물질인 인phosphate으로 만들어진 분자가 바로 인산이다. 그러면 꼼짝없이 세포 안에 갇히고 만다. 세포 내부에 존재하는 에너지 상태에 따라 포도당은 에너지원으로 사용되기도 하고 다른 물질로 전환되기도 한다. 그렇다면 세포가 에너지를 만들어야 한다고 생각해보자. 그러면 세포는 포도당을 반으로 뚝 잘라서 이들을 미토콘드리아로 보낸다. 속사정은 훨씬 더 복잡하고 그 역사는 유구하지만 우리는 그 과정을 해당과정이라고 말한다. 당을 쪼갠다는 말이다. 당을 쪼개서 효모처럼 에탄

올을 만들거나 격하게 움직이는 근육세포처럼 젖산을 만드는 과정은 특별히 발효라고 얘기한다. 그러나 피루브산을 만들면 이들은 바로 미토콘드리아로 들어간다.

우리는 지금 구연산 회로를 잘 알고 있다고 생각한다. 대충 무슨 일이 일어나고 세포가 살아가는 데 무슨 의미를 지니는지 다소나마 알고 있기 때문이다. 그렇지만 구연산 회로는 어떻게 발견되었을까? 이런 식의 질문은 왜 하루가 24시간인가? 혹은 하늘에 떠 있는 구름은 어떻게 특정한 자리에서 만들어지는가 하는 질문처럼 사람을 곤혹스럽게 만든다. 20세기 초 중반 생화학이라는 학문 분야가 싹틀 때 과학자들이 겪었을 문제일 것이다.

회로 자체가 촉매 작용을 한다?

알버트 센트죄르지의 회고록을 보면 그는 생물학적 산화 과정에 관심이 높았다. 그는 시트르산의 산화와 숙산산의 산화에 관여하는 효소를 연구했다. 특히 말론산은 숙신산에서 푸마르산으로 가는 과정을 억제한다. 재미있는 것은 이 과정을 억제하면 회로 전체가 돌기를 멈춘다는 사실이다. 나중에 구연산 회로를 완성한 크렙스(Hans Adolf Krebs, 1900~1981)도 이 물질을 사용했다. 우리 몸 안에는 몇 가지 대사회로가 존재한다. 요소를 만드는 경로도 회로를 쓴다. 회로는 효소와 같은 기능을 한다고 말한다. 자신은 변하지 않는다는 뜻이다. 그렇기에 공장형 컨베이어 벨트에 비유할 수 있다. 벨트는 끊임없이 돌면서 똑같은 물건을 만들어낸다. 자신은 변하지 않으면서 회로가 계속해서 돌아간다. 물론 컨베이어 벨트를 세워야 할 필요도 있을 것이다. 바로 물건이 소용없을 때이다.

어쨌거나 크렙스가 자신의 이름이 붙은 회로를 완성하기 전에 몇 가지 알려진 사실이 있었다. 그는 자신이 직접 수행한 실험과 이론적인 천착을 통해 마침내 포도당이 산화되는 과정이 단계적으로 연속되는 회로임을 밝혔다.

파스퇴르가 밝혔다고 알려진 효모의 발효과정은 효모의 추출물이 포도당을 에탄올로 변화시킨다는 내용을 담고 있다. 1897년 부흐너(Eduard Buchner, 1860~1917)가 밝힌 사실이다. 이 과정은 무기인산에 의해 촉진된다. 끓인 효모 주스를 첨가해도 발효가 촉진되었다. 끓이는 방법은 20세기 초반 생화학자들이 자주 사용하는 방법 중 하나이다. 단백질이 모두 변성될 것이기 때문에 열을 가해도 견딜 수 있는 인산이나 조효소라 불리는 작은 분자가 발효 과정에 참여한다는 결론이 도출되는 것이다.

초기 생화학자들이 즐겨 사용하던 실험 재료에는 근육과 간 조직이 포함된다. 쉽게 많은 양을 얻을 수 있는 것도 그렇지만 근육의 움직임을 이해하고자 하는 열망이 컸던 이유도 있었을 것이다. 포도당을 써서 근육이 젖산을 만든다는 사실도 알려졌다. 1930년 새의 적혈구를 이용, 산소가 존재하는 조건에서 ATP의 양이 늘어난다는 실험도 착착 진행되었다. 하늘을 나는 새를 선망하는 사람도 있지만 그들이 비행을 위해 얼마나 많은 에너지를 필요로 하는지 우리는 짐작하지 못한다.

인간의 적혈구에는 핵이 없고 미토콘드리아도 없다. 차포를 다 떼고 장기를 두는 셈이다. 사실 인간의 적혈구는 산소를 나르는 병졸들로만 가득 채워진 노동자 집단과 같다. 그렇지만 조류의 적혈구는 앞에서 장기의 차포車包에 비유한 핵도 미토콘드리아도 다 지니고 있다. 이들 세포가 에너지를 생산한다는 말이다. 인간처럼 전체 세포의 25퍼센트 정도가 적혈구라면 조류는 인간보다 25퍼센트의 에너지를 더 생산하는 셈이다. 물론 단순한 산술적 비교이며 데이터에 입각한 해석은 아니다. 그렇다면 난다는 것은 '더 먹어야 한다'는 말에 다름 아니다.

1930년 엥겔가르트(Vladimir Engelgardt, 1894~1984)는 청산칼륨을 투여한 새의 적혈구가 ATP를 만들지 못한다는 사실을 발견했다. 20세기 얼마 지나지 않은 시점에서 사람들은 핵이 호흡을 담당하는 세포 소기관이라고 생각했다. 그렇지만 오토 바르부르크는 세포막과 관련이 있을 것으로 짐작했다. 막 원심 분리 기술이 생기고 밀도에 따라 세포 내부를 여러 가지의 분획으로 나누게 되면서 세포 연구는 활기를 띠게 되었다. 바로 그중 하나가 동물세포에서 미토콘드리아, 식물세포에서 엽록체의 분리이다.

> 눈으로 볼 수 있는 것은 생화학적 방법으로 반드시 확인이 가능하다.

내가 미국에 있을 때 박사 과정 학생들에게 자주 말했던 내용이다. 그래서 관찰의 힘은 실험 과학의 기초가 되는 것이다. 엥겔만(Theodor Wilhelm Engelmann, 1843~1909)은 이런 말도 했다.

> 자연은 그 자체로 과학자이다. 특정 문제에 부딪히면 언제든 그것을 해결할 적절한 매개체를 창조해내기 때문이다.

전체 생물계를 사심 없이 열린 마음으로 보고 있으면 위의 말이 진실임을 금방 깨치게 된다. 앞으로 우리가 살펴볼 구연산 회로는 그 자체로 완결적인 것이지만 불완전한 채로도 구연산 회로를 돌리는 세균은 상당히 많다. 식물도 마찬가지다. 2016년에는 미토콘드리아가 없는 진핵세포가 발견되었다는 사실이 화제가 되었다. 미토콘드리아가 없는 진핵세포는 '앙꼬 없는' 찐빵처럼 논리적 모순이다. 진핵세포의 정의는 미토콘드리아 발전소를 가진다는 것이기 때문이다. 그러나 주변 환경에서 충분한 에너지를 포획할 수 있다면 축소 지향의 생명체들에게 미토콘드리아는 그야말로 '개발의 편자'가 되는 셈이다. 몸속에 대사를 담당하는 세균을 모두 가지고 있어서 입도 항문도 없는 벌레가 발견된 적도 있다. 내가 쓴 책《산소와 그 경쟁자들》에서 간단히 소개했듯이 올라비우스(olavius)라는 100원짜리 동전 크기의 벌레는 입도 항문도 없다.

20세기 초반 포도당 대사에 대해 알려진 것들을 몇 가지 살펴보고 크렙스는 어떤 생각을 했을까 알아보자. 1920년대 툰베르그(Torsten Thunberg, 1873~1952)는 세포 내에 여러 가지 종류의 탈수소효소가 존재하면서 유기산을 만든다는 사실을 실험적으로 확인했다. 세포가 초산을 산화하는 호흡회로를 가지고 있다는 것이 툰베르그의 가설이었다.

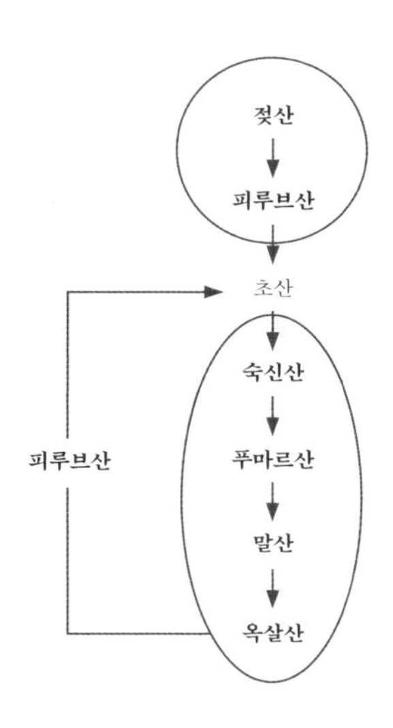

앞의 그림에서 이미 알려진 사실은 동그라미로 표시한 부분이다. 굳이 화학적 구조를 집어넣지는 않겠다. 다만 젖산은 우리가 운동을 격하게 해서 더 이상 근육을 움직일 수 없을 때 근육 세포에 쌓이는 물질이다. 그래서 더 이상 운동을 못하게 신체를 보호하는 역할을 함과 동시에 이들 젖산을 다시 피루브산으로 전환시켜 이들 물질을 재활용한다. 아래쪽 동그라미 음영에 보이는 네 종류의 분자는 시케토숙푸말옥의 뒤쪽 네 가지를 뜻하는 물질이다. 앞의 회로에서 실험적으로 설명할 수 없는 경로는 피루브산에서 초산으로 가는 과정이다. 사실 숙신산은 초산 두 개를 붙여 놓은 분자와 같다. 그러므로 화학적으로 두 개의 초산을 붙일 수 있다면 숙신산을 만들 수 있다. 알려진 두 개의 사실을 두고 툰베르그가 저런 그림을 그린 것이었지만 사람들은 초산 두 분자가 숙신산이 될 수 없다며 이 회로를 수긍하려 들지 않았다.

두 가지만 얘기하자. 숙푸말옥, 이 네 분자는 카르복실산을 두 개씩 가지고 있는 탄소 네 개짜리 물질이다. 그래서 이 회로를 툰베르그는 '이 유기산' 회로라고 불렀다. 그러니까 이런 내용은 센트죄르지도 그보다 어렸던 크렙스도 알고 있었다는 말이다. 이들 과학자들이 주로 이용하는 저널은 〈생물 화학 저널〉 혹은 〈생화학 저널〉이었다. 〈생화학 저널〉은 비타민 연구로 노벨상을 수상한 케임브리지의 홉킨스의 무대였다. 당대의 과학자들은 근육이나 간 조직을 으깬 추출물에 이들 유기산을 각각 집어넣고 어떤 물질이 생기는지 정량적으로 확인했다.

센트죄르지는 비둘기 가슴 근육을 이용해서 다음과 같은 수소 전달 체계를 제안했다.

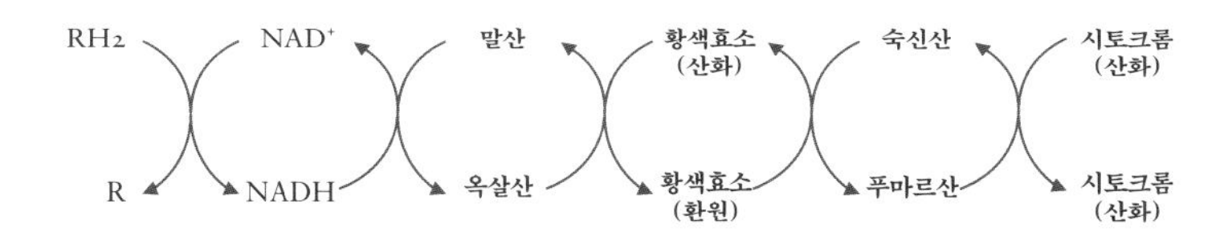

센트죄르지는 결국 RH_2에서 출발한 수소가 화살표를 따라 NADH로, 말산으로 결국 시토크롬을 환원시킨다고 생각했다. 화살표 하나하나가 다 실험의 결과를 정리한 것이다. 저 그림을 외워야 할 것으로 보면 갑갑할 노릇이지만 실험을 해서 정리하는 일은 그야말로 암담했을 것이다. 지금에서야 확신을 갖고 얘기하지만 호흡이라고 하는 것은 결국 포도당에 깃든 전자를 떼어내는 것이다. 전자는 음의 하전을 띠고 있으므로 균형을 맞추려면 양의 하전을 띤 물질도 덩달아 떨어진다. 바로 그것이 수소 혹은 양성자라고 하는 것이다. 전자의 흐름은 결국 양성자의 이동과 맞물려 일어난다. 그 전자를 안고 가는 전자 전달 물질이 바로 NAD^+이다. 그렇지만 센트죄르지가 저런 고리 모양의 연쇄반응을 제시했을 때 사람들이 알고 있던 것은 말산을 옥살산으로 변화시키는 말산탈수소효소의 기능이었다. 이런 기본 지식을 바탕으로 크렙스는 그야말로 갖은 궁리를 다 했다. 1930년 그가 진행한 실험은 옥살산과 피루브산을 섞으면 시트르산이 만들어진다는 것이었다. 게다가 그 농도를 조절하면 푸마르산과 말산도 만들어졌다.

내가 보기에 피루브산과 옥살산을 함께 근육 절편에 투여하여 시트르산을 만들어 냈던 실험은 '신의 한 수'처럼 절묘했다. 왜냐하면 피루브산은 탄소가 세 개이고 옥살산은 탄소가 네 개이지만 시트르산은 탄소가 여섯 개이기 때문이다. 여기서 가능한 추론은 이산화탄소 한 분자가 빠져 나가야 된다는 것, 다시 말하면 탈탄산 효소가 존재해야 한다는 것이다. 그리고 조건이 잘 맞춰지면 회로를 다 돌아서 푸마르산과 말산까지도 진행된다.

몇 해 지나 마티우스(Carl Martius)와 크렙스는 간 조직에서 시트르산→아코니틱산→이소시트르산→케토글루타르산이 만들어진다는 사실을 보고했다. 아마 이 순간 크렙스는 무릎을 팍 쳤을 것이다.

크렙스는 자신의 생각을 정리하기 시작했다. 물론 자신도 알려진 실험을 재현하려고 노력했다.

1. 시트르산은 마티우스가 제시한 순서에 따라 산화된다.

2. 케토글루타르산이 산화될 때 말론산이 있으면 숙신산이 축적된다.
3. 피루브산이 산화될 때 시트르산과 푸마르산이 소량 만들어진다.
4. 일부 시트르산은 옥살산과 피루브산을 첨가했을 때 만들어진다.
5. 이카르복실산 산화에서와 마찬가지로 피루브산이 산화될 때 산소의 흡수가 '촉매적'으로 증가한다.
6. 피루브산의 산화는 말론산에 의해 억제된다. 피루브산과 푸마르산이 줄어드는 동안 만들어지는 숙신산의 양은 화학적으로 같다.

말론산 얘기가 두 번 나오니까 잠깐 알아보자. 이 물질은 포도당 대사를 연구할 때 센트죄르지가 주로 사용하던 물질이다. 숙신산이 푸마르산으로 변환될 때 이 과정을 억제하는 물질이 바로 말론산이다. 이 물질을 근육 절편이나 간 조직에 투여하면 호흡이 종내 정지된다. 숙신산과 구조가 흡사하기 때문이 이 물질을 처리하면 결국 시스템 내부에서 숙신산이 축적되고 더 이상 회로가 돌아가지 않는다.

앞에서 얘기한 것처럼 피루브산이 산화될 때 시트르산이 만들어지고 이 시트르산은 케토글루타르산까지 진행된다. 케토글루타르산은 탄소가 다섯 개이고 숙신산은 네 개이다. 따라서 탄소가 1 줄어드는 반응이 중간에 끼어들어야 할 것이었다. 일단 숙신산이 만들어지면 이미 알려진 경로를 따라 옥살산까지 반응이 진행된다. 옥살산을 피루브산과 함께 투여하면 시트르산이 나온다. 이전의 생화학자들이 예견했듯이 포도당의 산화 과정은 회로라는 '촉매'를 필요로 하는 순환 과정이어야만 한다.

사실 말론산을 처리한 실험 결과를 해석하는 과정에서 크렙스는 포도당과 중간 대사산물의 형성이 회로가 됨을 알아냈다. 시케숙푸말옥이 회로가 아니라고 해보자. 숙신산에서 푸마르산으로 가는 과정을 억제하면 숙신산이 축적된다. 실험 결과는 정말 그랬다. 만약 포도당 산화 반응이 직선형이라면 푸마르산이나 말산을 처리하면 최종 산물인 옥살산의 양이 늘어나야 할 것이다. 그런데 예상과는 달리 다시 숙신산이 축적되면서 반응이 정지되어버린 것이다. 다시 말하면 포도당 산화 과정은 회로의 형태를 취하면서 연속되는 반응이어야 한다.

이 대사 과정이 회로의 형태를 취하기 때문에 어떤 중간체를 넣어도 원래 있는 물질과 합쳐져서 회로가 활발하게 돌아가고 결국이는 산소의 소모가 '예상했던' 양보다 증가되는 현상으로 귀결될 수 있다. 센트죄르지나 크렙스가 이미 알고 있는 사실이었다.

오랜 여정을 거쳐 우리는 태양빛에 의해 분해된 물에서 유래한 전자와 양성자가 순환하는 과정을 살펴보았다. 그 과정에 참여한 수많은 과학자들의 행적을 추적하면서 우리는 과학에서 중복 발견이 흔하다는 말, 그리고 중복 발견에 여러 차례 연루된 천재 과학자들은 지루한 양적 축적을 끝내고 질적 도약을 이루었다는 사실도 눈치 챘다. 그리고 이런 모든 행위의 저편에는 호기심에서 비롯된 질문이 있다는 점도 잊지 말아야 한다. 다음 장에는 노벨상이 제정된 역사를 질소의 고정과 관련지어 살펴보겠다.

제9장
질소가 쏘아올린 노벨상
: 과학의 야누스적인 면모

매년 1억 2천만 톤의 질소가 합성 과정을 거쳐 암모니아로 바뀐다. 여기에 소모되는 에너지는 인류가 쓰는 전체 에너지의 2퍼센트에 해당한다. 한편 전 세계 천연 가스 생산량의 5퍼센트가 질소를 고정하는 데 사용된다. 질소 원자에 붙일 수소를 천연 가스의 주성분인 메탄으로 만들기 때문이다. 계산해보면 공기 중 1그램의 질소를 고정하기 위해 8~12그램의 포도당이 소비된다.

질소는 대기의 거의 8할을 차지하지만 무기 질소를 유기 질소로 만드는 일은 그리 녹록치 않다. 대사계의 카멜레온이라 불리는 세균의 세계에서도 질소를 고정하는 생명체의 종류와 숫자는 그리 많지 않다. 질소를 고정하는 광합성 세균인 남세균, 주로 콩과 식물의 뿌리에 기생하면서 질소를 고정하는 세균은 많은 양의 에너지를 소모하면 생태계를 유지한다. 이들 식물은 세균에게 살 집과 산소를 공급하면서 대신 유기 질소를 얻는다. 농민들은 경작지에 콩과 식물을 심어서 자신의 토양에 질소를 공급한다. 그러나 2015년 〈사이언스〉에 발표된 논문에 따르면 버드나무, 미루나무, 사탕수수도 질소를 고정할 수 있다. 세균 덕택이다.

비타민도 인류의 생명을 보호하는 데 지대한 공헌을 하였지만 파급력으로 보아 질소의 고정 방법을 창안한 것만큼은 아니다. 맬서스(Thomas Robert Malthus, 1766~1834)가 인간은 기하급수적으로 늘어나지만 식량은 산술급수적으로 늘어난다고 사회학적으로 성토했지만 프리츠 하버는 질소 고정법을 개발함으로써 과학적으로 응수했다. 식량의 생산이 늘면서 지구의 인구는 입추의 여지없이 빽빽해졌다.

한편 질산기를 가진 물질인 니트로글리세린과 같은 물질은 조금만 충격을 가하면 매우 빠르게 연소하면서 무기물인 질소, 산소, 물 및 이산화탄소로 돌아간다. 흔히 우리가 폭발이라고 부르는 맹폭한 반응이다. 이 반응에서 나온 에너지는 거대한 암석을 파괴하여 길을 낼 때도 사용되지만 인명을 살상하는 무기로도 사용된다. 인류 역사의 한 아이러니는 질소가 사람을 죽이기도 살리기도 했다는 점이다. 그것도 아주 거대 규모로 말이다. 또 노벨상이 제정되기도 했다. 다 질소 덕분이다.

이 장에서는 야누스적인 면을 가진 과학자의 대표 격인 노벨과 하버의 면모를 확인해보겠다. 또 유태인이지만 서로 다른 운명을 겪었던 두 과학자 바이츠만과 하버를 간단히 살펴본다. 과학적 성과는 과학의 영역에 속하지만 과학은 인간관계의 역학, 즉 정치에 의해 그 쓰임새가 결정된다.

다이너마이트 역설

과학이 가치중립적이라는 말이 폐기처분된 지는 오래되었지만 그 실례를 들 때 거론되는 대표적인 것은 맨해튼 프로젝트 어쩌고 하는 원자탄이다. 그렇지만 알프레드 노벨(Alfred Nobel, 1833~1896)과 프리츠 하버도 한 몫 거든다. 다이너마이트를 만들어 거액을 손에 쥔 노벨은 사후 지금까지 노벨 재단을 통해 100년이 넘도록 평화상, 그리고 생리/의학, 화학, 물리학 및 문학상을 수여해오고 있다. 노벨이 다룬 물질은 두 가지이다. 하나는 니트로글리세린이라고 하는 폭발력을 가진 액체 물질이다. 다른 하나는 규조토이다. 니트로글리세린은 폭발성이 무척 강해 이 액체가 담긴 용기를 흔들거나 충격을 주면 바로 폭발했기 때문에 이 물질을 안전하게 보관하고 운반할 수 있는 매개체가 절실했는데 그것이 바로 규조토였다.

규조diatoms는 수화된 규산염이 세포벽을 구성하고 있는 원생생물이다. 규소는 원자 구조가 탄소와 비슷하고 실리콘이나 유리의 주성분이다. 따라서 규조류 맨 바깥층 껍데기가 유리 비슷한 방탄 조끼를 입고 있는 격이다. 이 규조류 원생생물이 죽어 바다 속에 퇴적된 후 눌리고 눌려 수백만 년이 흐른 퇴적암을 규조토라고 한다. 작은 구멍이 있기 때문이 규조토는 자신의 무게보다 세 배나 많은 니트로글리세린 용액을 흡수해도 안전의 문제가 불거지지 않는다. 더 중요한 사실은 폭발성도 사라져버렸다는 점이다. 물론 노벨은 여기에 뇌관을 사용해서 폭발력을 되살려냈고 그 장치의 이름을 다이너마이트라고 했다.

노벨의 삶은 일견 모순으로 가득 차 보인다. 다이너마이트 말고도 인조 비단, 가죽과 관련된 350개 이상의 특허를 따냈는데, 일면 비상하면서도 심각한 우울증에 시달릴 만큼 고독했다. 그렇지만 가끔 저녁 식사에 사람들을 초대하고 그들의 말을 경청하기도 했다. 민주주의를 불신한 비관주의자이면서도 한편으로는 에너지가 넘치는 이상주의자였다. 사실 그의 관심사인 폭탄 자체가 이중적 성격을 가진다. 니트로글리세린 연구는 화학의 영역이지만 그것을 주재료로 하는 다이너마이트의 사용은 정치의 영역으로 들어온다.

생물학적으로도 노벨은 이중적인 삶을 살았다. 1896년 뇌출혈로 사망한 노벨은 심근경색증이라고도 말하는 협심증을 앓았다. 심장은 전신에 피를 공급하는 중앙사령부이지만 자신도 끊임없이 혈액을 공급받아야 한다. 관상冠狀동맥이라고 불리는 혈관을 통해서

다. 왕관 모양의 혈관이 심장을 둘러싸고 있기 때문에 붙여진 이름이다. 어떤 이유로든 관상동맥이 막히면 심장은 에너지 보급선이 끊기는 상황에 직면한다. 가슴의 통증이 30분 이상 지속되며 '빠개지는 듯한' 통증을 호소하기도 한다. 즉시 이 혈관을 넓히지 않는다면 병원에 도달하기 전에 사망할 수도 있다. 병원 자료에 따르면 실제 심근경색증 환자의 반 정도가 병원에 도착하기 전에 사망한다. 혈관을 확장하는 대표적인 약물 중 우리에게 가장 친숙한 것은 비아그라일 것이다. 그러나 당시 협심증 환자들은 전통적으로 니트로글리세린을 처방받았다. 노벨의 공장에서 일하던 노동자 몇몇은 매우 재미있는 현상을 얘기하고는 했다. 일하는 동안은 아무렇지도 않은 가슴의 통증이 주말에는 심해진다는 사실이었다. 그들은 협심증을 앓고 있었던 것이다. 노벨의 주치의는 그에게 위급한 상황일 때 니트로글리세린을 먹으라고 권했지만 노벨은 고개를 저었다. 폭탄으로 사용되는 것을 먹을 수 없다는 이유였다. 화학을 공부한 그는 생물학과 일정한 선을 긋고 살았나보다. 생화학이란 용어가 처음 사용된 때는 노벨이 죽은 뒤였다.

그렇다면 노벨은 왜 자신의 전 재산을 걸고(정확히 말하면 94퍼센트라고 한다) 노벨상을 제정하게 된 것일까? 죽기 전에 주변에 얘기한 것도 아니어서 사람들은 그저 짐작할 수 있을 뿐이지만 그럴싸하다고 여겨지는 것이 하나 있다. 바로 그의 남동생 루드비그가 사망한 사건이다. 루드비그는 프랑스 깐느에 머무는 중에 죽었는데 그와 알프레드 노벨을 혼동한 어느 신문이 이렇게 보도했다. "죽음의 상인, 죽음에 들다" 그리고 이어서 이렇게 덧붙였다. "알프레드 노벨 박사는 역사상 그 어느 누구보다도 사람을 빠르게 죽일 수 있는 방법을 찾아냄으로써 돈을 벌었다." 동생의 죽음도 슬픈 일이었겠지만 노벨이 이 사건으로 마음의 상처를 받았음은 분명한 것 같다. 그래서 그가 자신이 '진짜' 죽은 다음 그의 공적인 이미지를 개선할 방도를 찾으려 했으리라 짐작할 수 있다. 노벨은 자신이 종사했던 과학 분야인 물리와 화학뿐만 아니라 문학에 심취했던 자신의 취향을 반영하듯 문학 분야에도 상을 주기로 맘먹었다. 의학의 발전을 지켜보았기 때문에 의학상도 제정했다. 노벨의 비서이자 그가 좋아했던 연인으로 알려진 베르타 주트너(Bertha von Suttner, 1843~1914)도 1905년에 노벨 평화상을 받았다.

타나토스의 무기

니트로글리세린은 1847년 이탈리아 화학자 아스카니오 소브레로(Ascanio Sobrero, 1812~1888)가 처음으로 합성했지만 앞에서 말했다시피 폭발물로 상업화한 사람은 노벨이다. 그렇지만 소량의 니트로글리세린은 치료용 약물이기도 하다. 허나 오래 사용하면 몸이 더 이상 반응하지 않거나 기대하지 않았던 부작용이 나타나기도 한다. 심장이 천천히 뛴다거나 혈압이 떨어지는 현상은 심장에 혈액을 원활하게 공급한다는 니트로글리세린의 본디 목적에 맞지 않을 뿐 아니라 달갑지 않은 증상이다.

니트로글리세린을 협심증에 치료목적으로 사용할 수 있게 체계를 잡은 사람은 영국의 의사인 윌리엄 머렐(William Murrell, 1852~1912)이었다. 의사로 재직하면서 치료용으로 사용하기 위해 그는 니트로글리세린을 30~40차례나 먹었다. 머렐은 알코올에 녹인 니트로글리세린을 혀에다 떨어뜨리고 무슨 일이 일어나는지 기록했고 그 내용은 〈랜싯〉 제 1호에 네 개의 논문으로 나뉘어 출판되었다. 자신의 몸을 시험용으로 기꺼이 사용한 과학자들은 종종 회자된다. 헬리코박터가 위궤양을 일으킨다는 가설을 믿지 않자 세균을 꿀떡 한 호주의 배리 마셜이나 동위 원소를 먹고 적혈구의 수명을 알아낸 쉬민(David Shemin, 1911~1991) 박사 등이 그런 용감한 과학자들이다. 약물학, 법의학, 독성학에 관심이 많았던 그는 링거액이라 불리는 주사제를 만든 시드니 링거와 함께 질산나트륨의 독성에 관한 논문을 발표하기도 했다. 1882년의 일이다. 당시 조선에서는 임오군란이 일어났다. 일본이 네덜란드와 교역을 트고 은을 수출하기 시작한 지는 상당히 오래전 일이었다. 아편전쟁에서 영국에 패한 중국은 홍콩을 내주고 말았다.

니트로글리세린과 TNT 중 어느 것이 더 폭발력이 클까? 노벨이 고민한 것은 조금만 충격을 주어도 폭발하면서 날뛰는 니트로글리세린의 족쇄를 채우는 일이었다. 노벨의 형제 중 하나도 니트로글리세린 공장 폭발로 목숨을 잃은 적이 있었다. 그가 찾아낸 것은 규조토였다. 우연한 행운이 뒤따랐다는 항간의 소문과는 달리 실제 노벨은 이것저것 죄 실험을 해보았다고 한다. 다공성인 규조토에 흡착시켜 말리면 니트로글리세린은 충격에도 폭발하지 않았기 때문에 최초의 일격을 가할 뇌관을 만든 것도 역시 노벨이었다. TNT도 폭발력이 있지만 니트로글리세린처럼 불안정하지 않았다. 결정이 노란색을 띠고 있어서 이 분말을 취급하는 군인들은 '카나리 걸'이라는 놀림을 받았다고 한다. 피부가 노랗게 변하기 때문이었다. TNT는 독일의 화학자 요제프 빌브란트(Joseph Wilbrand, 1839~1906)가 만들었다. 처음에는 노란색 염료로 사용되었지만 이 물질의 폭발력을 알아차린 사람은 마찬가지로 독일인인 칼 하우세르만(Carl Haeussermann)이었다. 그 뒤 군사용으로 광범위하게 사용되었다.

순전히 에너지 측면에서만 본다면 1킬로칼로리는 1그램의 TNT 폭발력과 같다. 일 혹은 다른 종류의 에너지 단위로 표현하면 4.2킬로줄에 해당하는 양이다. 1킬로칼로리는 1리터의 물을 1도씩 올리는 데 필요한 에너지량이다. 무기의 폭발력을 표현하기 위해 혹은 어떤 물체가 가진 에너지량을 나타내기 위해 사람들은 간혹 TNT라는 단위를 서슴지 않고 사용한다. 이 방식을 차용하면 1킬로그램의 다이너마이트는 1.6킬로그램 TNT에 해당한다. 다이너마이트가 더 폭발력이 있다는 의미이다. 휘발유 1킬로그램은 10.3킬로그램 TNT이다. 2차대전 중 히로시마에 떨군 원자탄은 15,000,000킬로그램 TNT양이다. 전형적인 초신성이 폭발할 때 그 위력은 이렇게 표시한다. 10,000,000,000,000,000,000,000,000,000메가톤의 TNT. 이 정도는 되어야 진정한 메가톤급이다.

카임 바이츠만의 아세톤과 설탕으로 만든 타이어

내 유년의 기억에 고무는 고무줄과 함께 떠오른다. 애기들 천 기저귀를 채울 때 쓰던 노랗고 속이 텅 빈 고무줄도 내복이 느슨해졌을 때 쓰던 검정색 고무줄도 있었다. 시장통 잡화점에 치렁치렁 걸려 있던 모습도 기억에 생생하다. 그러나 고무가 인간 세상에 편입된 지는 그리 오래 되지 않는다. 산소를 발견한 과학자 중 한 사람인 영국의 조지프 프리스틀리(Joseph Priestley, 1733~1804)는 연필로 쓴 글씨를 고무로 문지르면 잘 지워진다는 사실을 발견했다. 1772년 영국에서 최초의 지우개가 판매되기 시작했다. 지우개의 주원료인 고무는 고온에서 끈적거리고 저온에서는 쉽게 굳는 성질을 가진다.

19세기 중반에 자전거와 자동차가 등장했다. 인류 역사에서 진정한 축지법이 가능해진 것이다. 지구는 이제 바퀴의 시대에 접어들었다. 1888년 영국의 수의사 던롭은 자전거 타기를 즐기던 아들을 위해 공기를 집어넣은 타이어를 발명했다. 지우개로나 쓰이던 고무를 탄성이 강한 물질로 변화시킨 사람은 미국의 찰스 굿이어(Charles Goodyear, 1800~1860)다. 그는 고무에 황을 더하고 가열해 고무의 탄력성을 획기적으로 증가시켰다. 1844년 특허를 받은 이 방법은 고무가황법으로 불린다. 로마 신화 불의 신인 불칸vulcan을 따서 이 공법을 불카니제이션vulcanization이라고 부른다. 어쨌든 던롭이 공기를 집어넣은 타이어를 발명하게 된 데에는 굿이어의 노력이 뒷받침된 셈이었다.

자동차 회사의 대명사처럼 생각되는 포드는 1903년 세워졌다. 피츠버그 프릭 공원 자동차 박물관에 가면 20세기 초반에 만들어진 차를 다 구경할 수 있다. 1919년 당시 철강 부호 중 한 사람이던 헨리 클레이 프릭(Henry Clay Frick, 1849~1919)이 죽으면서 피츠버그 시에 기증한 것이다. 자동차 박물관에 가면 노년의 안내인이 한때 최고급이었을 구닥다리 자동차를 일일이 설명해준다. 듣는 데만 한 시간이 꼬박 걸린다. 특히 아시아 여성에게 친절해서 우리 집 사람도 여러 차례 그 설명을 들어야 했다. 질문을 하면 노신사는 더 신나한다. 그 공원에 가기 위해 우리가 이용한 자동차는 포드사의 윈스터 미니밴이었다. 날렵하게 생긴 맵시는 좋았지만 처음 중고를

샀을 때부터 좌우 균형이 잘 안 맞았다*. 그래서 여러 차례 굿이어 타이어 신세를 졌다. 미국에서 굿이어는 타이어의 대명사처럼 통한다. 굿이어의 특허권을 사들인 프랑스인 히람 허친슨은 고무장화를 팔아서 공전의 히트를 쳤다. 허긴 나도 얼음이 아직 두텁지 않은 강둑에서 썰매를 탈 때 목이 긴 장화를 신기도 했다. 지금은 우비와 함께 고무장화를 신은 아이들이나 여성을 쉽게 관찰할 수 있지만 고무가 본격적으로 사용된 지는 불과 200년이 되지 않는다.

고무는 16세기 초에 남미로 진출한 유럽의 탐험가들에 의해 발견되었다. 한국어 '고무'는 일제강점기 시절 넘어온 일본어 단어 ゴム(고무)에서 유래한 것이다. 이는 영어로 gum, 프랑스어인 gomme 또는 네덜란드어 gom이 일본인의 입을 거치면서 변형된 것이다. 고대 마야와 아즈텍 문명권에서 사용되는 천연 고무는 이소프렌이라고 하는 단순한 화합물이 수천 개 모여서 이루어진 중합체이다. 굿이어가 황을 가해 탄력성을 높였다는 말은 곧 이소프렌 탄소에 황을 이어 붙였다는 의미를 띤다.

미국 시장에서 순수한 이소프렌 생산량은 연간 100만 톤이 넘는다. 이소프렌은 합성고무를 만드는 주재료이다. 합성고무의 60퍼센

* Ford는 다른 말로 Fix or Repair Daily이다. 포드 윈스터 미니밴을 6년 운전한 나도 그 말을 실감한다.

트는 타이어를 만드는 데 사용된다. 나머지는 접착제를 만들 때도 쓰이고 특별한 화합물을 만들 때도 요긴하게 사용된다. 어떤 사람들은 이소프렌을 연료로 쓸 수 있지 않을까 고민하기도 한다. 이소프렌 분자 둘 혹은 세 개를 붙여서 디젤이나 석유에 첨가하기도 하고 제트기 연료를 만드는 데도 사용하려고 한다.

장황하게 고무 얘기를 했지만 합성고무를 만들려다가 실패하고 대신 아세톤을 만든 사람은 유태인인 하임 바이츠만(Chaim Weizmann, 1874~1952)이다. 러시아 태생인 바이츠만은 미생물을 사용해서 고무를 만들려고 시도했다. 효모를 사용해서 설탕을 발효시키면 에틸알코올이 나온다는 사실이 알려져 있었기 때문이다. 이때 부산물로 이소아밀알코올이 만들어진다. 이소아밀알코올은 탄소가 다섯 개이며 구조가 이소프렌과 흡사하다. 돌아가는 느낌이 들지만 잠깐 이소프렌 얘기를 해보자.

이소프렌은 아미노산이나 염기처럼 생체 고분자 화합물의 빌딩 블록이다. 레고 블록을 이리저리 잇대 어떤 형태를 만드는 일은 누구나 잘 알고 있다. 아미노산을 이리저리 연결하면 단백질이 만들어진다. 탄소 두 개짜리를 계속 이어 붙이면 지방산이 되고 세포의 테두리를 만드는 데 쓸 수 있다. 그렇기 때문에 지방산의 탄소 수는 대개 짝수이다. 탄소 다섯 개짜리 이소프렌 두 분자를 붙이면 탄소 열 개짜리 모노테르펜이 된다. 네 개를 붙이면 항암제로 유명한 택

솔이 만들어지기도 한다. 여섯 개를 붙이면 콜레스테롤의 기본 골격이 만들어진다. 콜레스테롤을 여러 방법으로 변형하면 성 호르몬이 만들어지기도 한다. 우리가 비타민 D라고 얘기하는 물질도 그 기원은 콜레스테롤이다. 이소프렌 여덟 분자는 탄소 40개짜리 화합물이 되고 화장품에 첨가되는 레티놀산 등이 만들어진다. 식물은 이소프렌을 이용하여 무척이나 많은 테르펜 화합물을 만들고 호르몬에서 신호전달 물질, 초식동물 기피제, 유인제 등으로 요긴하게 사용한다.

콜레스테롤은 고혈압과 동맥 경화를 일으키는 악질분자로 알려져 있지만 사실 가당치 않은 누명을 쓰고 있는 꼴이다. 콜레스테롤은 세포막을 구성하는 데 없어서는 안 될 물질이다. 이소프렌도 세포막을 구성하는 성분이 되기도 한다. 다만 그 생명체가 고세균이라는 점이 조금 다를 뿐이다. 노벨상이 제정될 때만 해도 생명체는 눈에 보이는 것과 보이지 않는 것으로 구분되었다. 물론 눈에 보이는 것이 더 중요한 것으로 간주되었다. 분류학도 감각의 제한을 받는 것이 분명하다. 최초의 현미경은 조선에서 임진왜란이 일어나던 시기인 1590년대 독일의 안경 제조사인 한스 잔센(Hans Jansen)과 그의 아들 자카리아스(Zacharias Janssen, 1585~1632)가 만들었다고 알려졌다. 따라서 20세기가 시작될 무렵에는 눈으로 보는 것과 현미경으로 보는 것이 생명체를 분류하는 기준이 되었다. 동물, 식물,

곰팡이는 눈에 잘 보인다. 그렇지만 세포 하나짜리 중 조금 큰 것과 작은 것은 맨 눈으로 보이지 않는다. 조금 큰 것은 원생생물이라고 하고 작은 것은 미생물 혹은 세균이라고 생각했다. 지금은 눈에 보이지 않는 리보좀 RNA가 분류의 기준으로 사용된다. 그렇게 분류하면 생명체는 세 도메인으로 나뉜다. 진핵세포, 원핵세포 그리고 고세균이다. 계통수*를 보면 세균보다 고세균이 다소 인간과 배추, 멸치를 포함하는 진핵세포에 가까이 있는 듯이 보인다. 두루뭉술하게 고세균과 진핵세포를 묶는 날이 온다면 생명체는 세균과 그것이 아닌 것들이 될지도 모르겠다. 고세균의 세포막은 이소프렌을 빌딩 블록으로 한다. 아마 척박한 환경이나 고온을 이소프렌 세포막이 잘 견딜 것이라고 추측할 수 있을 것이다. 그것 말고도 화학적 차이를 더 거론할 수 있겠지만 여기서는 인간의 세포막은 세균과 구성이 비슷하다고만 얘기해두자.

다시 바이츠만으로 돌아가자. 바이츠만이 자신의 의도와는 달리 아세톤을 만들었다고 앞에서 얘기했다. 아세톤은 매니큐어를 지울 때 알코올과 함께 사용하는 용제이다. 매니큐어는 손을 뜻하는 라틴어 manus와 돌본다는 뜻의 cure에서 비롯되었다. 발가락pedis도 돌볼 수 있으며 이때는 페디큐어라고 달리 말한다. 큐어cure라는 라

* 진화에 의한 생물의 유연관계를 나무에 비유하여 나타낸 그림

틴어가 언제부터 치료라는 의미를 띠게 되었는지 알 수는 없지만 매니큐어라는 조어는 논리적 모순이라는 생각이 든다. 손톱에 페인트칠을 하고 지우고 하는 행위가 손톱을 돌보는 것처럼 보이지 않기 때문이다.

매니큐어의 예에서 보듯 아세톤은 물질을 녹일 수 있는 용매로 사용된다. 소총의 탄환이나 폭약인 코르다이트를 만들 때도 사용되었기 때문에 전쟁 중 군사적 목적으로 아세톤이 필요했을 것이다. 코르다이트의 주재료인 니트로셀룰로오스가 아세톤에 잘 녹는다. 1914년은 오스트리아-헝가리 제국이 세르비아를 침략함으로써 1차 세계대전이 발발한 해이다. 머지않아 영국도 전쟁에 참여하게 되었다. 유럽의 제국들 포함 35개국이 참가했기 때문에 명실상부한 '세계'대전으로 불린 전쟁이다. 당시 아세톤의 공급이 수요에 미치지 못했을 것은 자명한 일이다. 영국도 마찬가지였다. 1914년까지 아세톤을 만드는 방법은 그야말로 목재를 밀폐된 공간에 넣고 가열해서 방출되는 증기를 모으는 것이었다. 그 증기 속에 아세톤이 소량 포함되어 있었다. 평소라면 그렇게 나무를 사용해서 아세톤을 공급하는 체계가 무리가 없을 수 있었겠지만 전시에서 상황은 급변하게 된다.

적들이라고 목재를 자유로이 운반하도록 놔두지 않으리라는 것도 자명하다. 따라서 영국 정부는 목재가 아닌 다른 재료에서 아세톤을 풍부하게 얻으려 안간힘을 쓰고 있었다. 또한 그 재료는 영국에서 쉽게 조달할 수 있어야 했다. 전쟁이 발발하기 수년 전인 1910년 바이츠만은 설탕을 아세톤으로 바꿔주는 세균의 정체를 파악하고 있었다.

그 세균은 클로스트리듐 아세토부틸리쿰Clostridium acetobutylicum으로 명명되었다. 세균의 이름에서 짐작할 수 있듯이 이 세균이 설탕을 변화시킨 혼합물에는 부틸알코올, 아세톤 및 에틸알코올이 각각 6:3:1의 비율로 들어 있었다. 원래 합성고무를 만들려는 당초의 목표라면 이 세균의 발견은 그야말로 실패작이었기 때문에 바이츠만이나 그의 보스는 이 결과를 묻어두고 있었다.

전쟁이 시작된 지 2년 후에 바이츠만은 당시 해군성 장관이던 윈스턴 처칠(Winston Churchill, 1894~1965)을 만났다. '철의 장막'이라는 말을 대중화시켰던 그는 노벨 문학상을 받기도 했다. 처칠은 바이츠만에게 아세톤 생산을 대규모로 진행시킬 것을 요구했고 그는 결국 그 일을 해냈다. 세계대전이 끝나고 바이츠만은 팔레스타인에 새롭게 세워진 이스라엘의 초대 대통령이 되었다.

정치적인 얘기는 뒷전으로 미루고 이제 다시 바이츠만이 합성고무를 합성하려고 했던 이야기를 마무리해보자. 실패하기는 했지만 20세기 초반 바이츠만은 이소프렌을 얻기 위해 세균을 이용했다. 인간이 단세포 생명체의 대사 체계를 이용해서 살아온 역사는 꽤나 오래되었다. 중국 황산의 원숭이가 고인 바위틈에 과일을 던져 놓고 거기서 술을 우려먹었다는 얘기는 가십거리지만 전혀 뜬금없는 얘기는 아니다. 빵을 먹은 지도 오래되었다. 효모가 발효를 한 덕택이다.

맬서스와 질소 고정: 프리츠 하버의 질소

대기권으로부터 인류를 구한 질소 비료를 만들 수 있었던 것은 하버와 보슈가 열심히 연구한 덕택이다. 하버는 20세기 최고의 과학자라는 평도 있지만 '독가스 과학자'라는 오명을 뒤집어쓰기도 했다. 하버는 어떤 사람이었을까?

바이츠만처럼 하버는 유태인이었다. 그렇지만 그는 유태인이길 단념하고 독일인으로 살고 싶어 했다. 우리 식으로 굳이 표현하자면 전향을 한 셈이다. 그래서 자신의 종교적 고향을 버리고 기독교로 개종했다. 따라서 하버는 유태인과 그들의 종교를 부정하고 철저한 독일인으로 살고자 노력했다. 그 과정에서 동료 과학자이자 부인인 클라라 임머바르(Clara Immerwahr, 1870~1915)는 자살을 택했다. 클라라는 독일에서 화학 전공으로 박사학위를 받은 최초의 여성이다. 히틀러가 등장하고 나서 하버는 그야말로 토사구'팽' 당했다.

박사학위를 받을 때 클라라는 "글이나 말로써 나의 신념에 반하는 어떠한 것도 가르치지 않으며 또한 진리를 탐구함과 동시에 마땅히 차지해야 할 높은 자리에 과학의 존엄성을 올려놓겠다"라고 선서했다고 한다. 열린 자세로 부인 마리 퀴리를 외조한 피에르 퀴리 같은 남편 대신 야망에 불타는 '천재 화학자'와 결혼한 것은 클라라에게는 불행의 시작이었다. 과학 역사가들의 표현을 빌면 '그녀는 앞치마를 벗을 틈이 없었을' 정도로 가사와 육아에 시달렸다.

프리츠 하버는 공기 중의 빵인 질소 고정법을 개발했고 또 소금을 분해해서 나온 염소를 전쟁용 독가스로 제공했다. 이런 이율배반적인 행위의 근저에 '자기 정체성의 부정'이 있었던 것이다. 그래서 그는 '배울 것도 많고 천재적인 화학자이지만 인간성은 개차반인'이라는 평을 받았다.

하버의 행적을 가만 보고 있으면 그는 자기애가 무척 강한 사람 같다. 심리학자들 말처럼 '사람이 누군가 혹은 뭔가를 좋아할 때 그 대상이 무엇인지는 중요하지 않다. 핵심은 좋아하는 행위 자체다'라고 한다. 그 행위에서 쾌감을 느끼기 때문이라고 한다. 다시 말하면 싫증나면 망설임 없이 버리고 다른 대상을 찾아 나선다는 것이다. 프리츠 하버의 독일에 대한 사랑은 애국심으로 표현되었다. 전쟁 중 그의 공장에서 만들어진 암모니아가 폭탄의 재료로 사용되었다. 또 독가스 개발에 앞장섰다. 클라라는 '야만성의 상징이며 과학의 이상을 왜곡'한다고 규탄하면서 하버의 행동을 공개적으로 비난하고 나섰다. 하버도 가만히 있지는 않았다. 조국 독일에 반하는 행위라고 클라라를 맹비난하였으니 말이다.

초록은 동색으로 하버는 아인슈타인과 친한 친구였다. 아인슈타인이나 하버나 남편으로서는 좋은 편이 되지 못했다. 아인슈타인의 부인인 밀레바가 지켜야 할 행동 목록을 적은 편지를 전달한 사람이 하버였다고 한다. 실험하랴 편지 전달하랴 바빴던 하버는 예상 못한 클라라의 반격에 당황하지 않고 자신의 신념을 꿋꿋이 지켜나갔다. 그 결과 탄생한 염소 독가스는 벨기에에서 프랑스군을 상대로 살포되었다. 당시 참호에 있던 연합군 병사 1만 5천 명이 죽거나 다쳤다. 새로운 독가스의 탄생을 축하하는 디너파티에 참석한 뒤 다른 전선으로 떠날 예정이라는 말을 들은 클라라는 하버와 격렬한 싸움을 벌였다. 다음 날 새벽 하버가 전선으로 떠나기 전 클라라는 마당에서 권총으로 자살했다. 그는 부인의 장례도 아들 헤르만에게 맡기고 전선으로 떠나 버렸다. 당시 아들의 나이는 열세 살이었다. 그 뒤 30년 후인 1945년 헤르만도 자살로 고통스런 삶을 마감했다.

1970년 들어 클라라 임머바르의 행적이 대중에게 알려지기 시작했다. 1991년 국제 핵전쟁 예방 의사연맹은 클라라 임머바르 상을 제정했다. 촉매 화학 분야에서 뛰어난 연구 업적을 거둔 젊은 여성 과학자들에게 이 상이 수여된다. 참고로 2016년 이 상을 수상한 사람은 촉매 반응에서 중요한 역할을 하는 원소를 연구한 영국 카디프 대학의 레베카 멜렌(Lebecca Melen) 박사이다.

재미있는 사실은 하버의 부인 임머바르의 독일어 말뜻이다.

'항상 진실하다(Es ist immer wahr)'

이름대로 그녀는 그렇게 살다가 갔다. 생명에 대한 통찰력을 과학자들도 가져야 한다고 클라라는 얘기했다. 생명에 대한 통찰이란 생명이 무엇인가를 이해하는 것이다. 그것은 과학자들도 반드시 깃들어 살아야 하는 인간 사회에 관한 이해와 따뜻한 시선으로 인간을 바라보는 자세를 포함할 것이다. 그렇지만 아메리카 인디언들이 그랬다고 하듯 자연과의 교감도 빠질 수 없다. 현대 과학의 발전은 세균도 엄연한 자연의 구성원이라는 점을 부각시키고 있다. 자세한 얘기는 하지 않겠지만 세균과 잘 지내는 것이 건강하게 사는 지름길이라는 연구 결과는 지금 엄청나게 쏟아져 나오고 있다.

유기물질 형태로 고정되는 질소 생산에서도 인간은 여전히 세균을 따라잡지 못한다. 2015년 기준으로 세균은 질소 1억 7천 500만 톤을 생산한다. 그러나 인간이 고정하는 질소의 양은 그것의 약 30퍼센트에 그친다. 번개에 맞아서 생기는 일산화질소 혹은 다른 지구화학적 반응으로 만들어지는 유기 질소를 모두 다 합쳐도 세균이 만드는 양의 절반 정도에 그친다.

프리츠 하버와 카를 보쉬 공법에 의해 고정된 질소는 현대인이 섭취하는 단백질의 3분의 1에 해당하는 양을 공급한다. 암모니아가 식물로 들어가고 식물 단백질 형태로 다시 인간의 몸으로 들어온 질소는 인간 단백질을 구성하는 재료로 사용되거나 다시 오줌을 통해 몸 밖으로 배설된다. 오줌의 구성 성분인 요소나 요산은 질소를 몸 밖으로 내보내는 화학적 아바타이다.

다른 형태로도 식물과 동물은 서로 연관된다. 초식 동물이 식물의 어린 이파리를 덥석 물면 식물은 이소프렌 빌딩 블록을 이용해서 휘발성 물질을 주변으로 내보낸다. 이 물질에 반응해서 다른 이파리들은 잽싸게 초식동물이 먹지 못하게 쓰고 독성이 있는 화합물을 만든다. 동물이라고 그냥 당하고만 있지는 않는다. 그들은 멀리 떨어진 곳의 나무를 다시 공략한다. 아니면 바람이 부는 방향을 거슬러 올라가 거기 있는 식물을 먹는다.

아직 실험적으로 증명되지 않은 가설에 불과한 것이지만 식물을 음식물로 채택한 동물은 한 가지 어려움을 겪는다. 질소가 부족할 수 있기 때문이다. 2008년 〈생태학 편지〉라는 저널에 실린 네덜란드 생태연구소 놀럿(Bart A. Nolet)과 호주 퀸즈랜드 생태연구소의 클라센(Marcel Klaassen)의 연구 논문을 보면 초식 동물에서 정온성이 진화되었다고 제안한다. 탄소와 질소의 비율 혹은 질소와 인의 비율은 주로 농작물의 생산과 연관되어 상세한 연구가 진행되었다. 식물뿐만 아니라 동물도 질소가 필요하다. 동위원소가 결합한 글리신이란 아미노산을 수저로 퍼먹은 쉬민 박사를 얘기할 때 다시 언급하겠지만 세포의 머슴인 단백질을 만들 때 필요한 아미노산은 질소를 포함하는 물질이다. 아미노의 아민은 질소와 수소가 결합한 형태를 취한다.

가령 어떤 초식 동물이 하루에 질소 10개를 사용한다고 해보자. 식물에서 질소 10개를 얻으려면 탄소가 부가적으로 200개 들어온다. 보통 우리가 보는 식물 내 탄소와 질소의 비율이 얼추 20:1이기 때문이다. 굳이 실험을 하지 않아도 식물이 동물보다 탄소의 양이 많다는 사실은 직관적으로 이해할 수 있다. 일단 광합성을 해서 탄소를 고정하고 또 이를 감자나 고구마 혹은 열매 형태로 저장하기 때문이다. 나무껍질도 죄 탄소로 구성되어 있다. 그렇지만 동물계에서 흔히 관찰되는 탄소와 질소의 비율은 10:1이다. 어림짐작으로 초식 동물이 오늘 먹은 10개의 질소를 썼다면 탄소는 100개가 필요하다고 볼 수 있다. 그렇다면 남은 100개의 탄소는 어찌할 것인가?

자세하게 정온성의 진화를 얘기하지는 않겠지만 100개의 탄소를 물 쓰듯 그냥 써버리면 된다. 결과는 두 가지 중 하나다. 열을 내거나 몸집을 키운다. 이런 에너지 부담을 아예 지지 않겠다는 듯이 대부분의 변온성 파충류는 초식을 선택하지 않았다. 그러나 풀을 먹는 파충류는 육식을 하는 동료들에 비해 체온이 높은 편이다. 자세한 얘기는 좀 어렵기는 하지만 닉 레인(Nick Lane)의《생명의 도약: 진화의 10대 발명Life Ascending》을 보면 된다. 닉은 호기성 호흡이나 ATP의 생산이 온도가 올라감에 따라 증가한다는 얘기를 한다. 물질대사는 효소가 관여하는 반응들이고 온도가 10도씨 올라감에 따라 대사율은 두 배 올라간다. 따라서 정온성 동물은 본성상 사치스럽다. 끊임없이 먹어대야 하는 까닭이다. 벌새는 하루 자신의 체중 절반에 해당하는 음식물을 먹어야 한다. 그러나 한번 배를 채운 악어는 한 달 동안 먹지 않아도 별 탈이 없다. 우리 인간은 어떤가? 사흘 굶어 담 넘지 않는 사람이 없다는 말도 있듯이 정온성 동물들은 끊임없이 먹고 열을 낸다. 정온성 얘기는 근육, 혹은 갈색 지방 및 호흡계 등으로 전개가 되지만 왜 정온성이 진화되었는지에 대한 질문의 답은 적은 편이다. 한 가지는 앞에서 얘기한 질소 요구량이 있고 또 곰팡이 감염을 줄인다는 말도 있다. 기력을 잃은 나무에서 접시 엎어놓은 것처럼 버섯이 자라나는 모습을 보면 얼핏 고개가 끄덕여지기도 한다. 곰팡이는 40도씨 정도면 잘 번식하지 못한다.

정당한 회의론자라면 여기서 초식동물이 몸집을 키운다는 사실에 이의를 제기할지도 모르겠다. 몸집의 크기에 비례하여 다시 질소 요구량이 늘어날 것이기 때문이다. 생물학자들이 밝힌 바에 의하면 몸집이 커지는 데 비례하여 대사율, 다시 말해 산소의 소모량이 늘어나는 것은 사실이다. 그렇지만 그 관계는 선형적이 아니라 지수적으로 비례한다. 갑자기 수학 용어가 등장하면서 말은 복잡해졌지만 몸집이 큰 동물이 상대적으로 에너지 효율이 좋다는 의미로 해석하면 될 듯하다. 물리학에서 사용하는 복잡계 혹은 프랙탈의 생물학적 버전인 셈이라고만 얘기해두자. 사실 풀을 먹는 코끼리나 기린, 듀공 등은 몸집이 매우 크다.

하버에 대한 얘기를 하면서 너무나 멀리 샛길로 빠졌지만 질소를 고정한 하버-보쉬 공정은 20세기 가장 혁신적이고 중요한 화학적 성과라고 흔히들 말한다. 자식을 낳고 고생하다가 자기 부인이 죽었다고 생각한 아버지 때문에 그리 행복하지 못한 어린 시절을 보냈던 하버는 오히려 프로이센의 전통이 살아 있는 군대에서 가장 행복해했다고 한다. 아마 이 시절에 권위적이고 틀에 잡힌 사고방식이 체현되었을지도 모르겠다. 그러나 그는 좋은 스승도 만났다. 광화학의 개척자인 분젠이 한때 하버의 스승이었다. 분젠버너라고 말할 때 바로 그 분젠 맞다. 분젠버너의 판매권을 그의 조교에게 전부 양도했다고 그래서 꽤 유명 짜한 사람이다. 배우자 없이 평생을 혼자 살았지만 70이 넘어서도 과학적 열정을 불살랐던 과학자였다. 아마 하버도 그런 열정을 분젠에게서 배웠을 것이다. 실험 과학자들이 정확하고 정밀하면서도 열정적으로 실험한다고 해도 예상했던 실험 결과가 나오지 않거나 실패하기도 한다. 실험의 특성은 재현성을 향한 반복에 있다. 그래서 과학자들은 흔히 가기 쉬운 지름길로 가려는 유혹에 빠진다. 사람이니까 인지상정일 게 분명하지만 과학적 성취가 세계사적 의미를 띠기가 그만큼 어렵다는 뜻으로도 읽힐 수 있을 것이다. 재미와 성취라는 보상이 없다면 뭔가를 열정적으로 오랜 세월에 걸쳐 연구를 계속 해내기 힘들 것이다. 대학교 다닐 때 하버가 평생 얼굴에 남은 상처를 얻게 된 것도 그런 열정과 전혀 무관하지 않았을 것이다. 열정은 때로 무모한 것이다.

제10장
용감한 과학자들
: 무모함이 발견을 낳는다

일본 학생운동 단체의 연합 조직을 일명 전공투라고 한다. 이들로부터 전해오는 유명한 말 하나는 "서른 이전에 공산주의가 아닌 사람과 서른이 넘어서도 공산주의자인 사람은 바보다"라는 것이다. 과학자는 언제나 그렇지는 않겠지만 용감한 행위를 하기도 한다. 그리고 그 '용감한'이란 형용사 앞에는 '무모한' 혹은 '멍청한'이라는 수식어가 붙기도 한다. 이 책에서 다루고 있는 혈액 혹은 산소와 관련해서 아주 무모한 실험을 했던 사람들의 행적을 잠깐 살펴보자.

동위원소를 먹은 과학자, 쉬민

인간의 적혈구는 120일을 산다. 지금 우리는 별 의심 없이 '꽤 오래 사네'와 같은 반응을 보이지만 적혈구가 네 달을 산다는 사실을 어떻게 알게 되었을까 자문해보면 말문이 막히는 것도 사실이다. 근대 과학자들이 실험했던 방식을 찬찬히 들여다보면 태우기, 질량 측정, 촛불 넣어보기 등등의 방식이 등장한다. 좀 더 지나면서는 동위원소가 사용되기 시작했다. 지금도 동위원소가 사용되기는 하지만 대부분 학생들은 동위원소가 표지된 화합물을 사용하길 꺼린다. 동위원소를 두려워하기 때문이다. 그러나 약간만 조심하면 실험에 사용하는 대부분의 동위원소는 사실 그리 위험하지는 않다. 예전에 미국에서는 임신한 실험실 동료의 물 컵에 동위원소가 들어갔다고 해서 난리가 난 적이 있었다.

도대체 동위원소가 뭐길래 그리 야단법석일까? 동위원소는 원자 번호가 같지만 원자량이 다른 원소라고 사전은 말한다. 다른 식으로 얘기해보자. 물은 수소 두 개와 산소 한 개로 이루어진 분자이다. 그런데 저 수소가 약간 무거운 것이 있다. 편의상 수소의 무게를 1이라고 하면 무게가 2인(중성자가 한 개 더 있다) 수소로 이루어진 물도 있다. 그래서 무거운 물이다. 바닷물의 약 0.015퍼센트는 무거운 물이다. 물 분자 10만 개가 있다면 그중 15개가 무거운 수소를 가진 물이라는 뜻이다.

그렇다면 텍사스 시민의 머리카락이 북부 로키산맥 인근 주민의 것보다 더 무거운 경향이 있다는 말을 이해할 수 있겠는가? 정밀한 저울의 도움을 받아 재보면 이 말은 사실이다. 왜 그럴까? 무게 2인 수소 함량이 더 높기 때문이다. 가벼운 물이 그보다 무거운 중수보다 더 쉽게 증발한다. 따라서 덥고 건조한 지역의 상수원에는 중수가 보다 더 많고 물이나 음식을 통해 들어온 물은 머리카락으로도 들어간다. 동위원소는 실험 생물학뿐만 아니라 고고학, 기후학 등 과학의 거의 전 분야에서 강력한 실험 도구로 사용되었다.

중수를 발견한 공로를 인정받아 노벨상을 받은 헤럴드 유리(Harold Clayton Urey, 1893~1981)는 전기 방전이 무기물을 유기물로 전환시킨다는 실험으로 더 잘 알려진 미국의 물리학자이다. 함께 이 실험을 진행한 제자 스탠리 밀러와 유리는 보스턴 지역 우드 홀에서 센트죄르지와 말년을 함께 연구하고 토론하며 지낸다.

여하튼 한동안 과학계에서는 동위원소를 활발하게 사용했다. 크렙스 회로나 광합성 과정에서 포도당이 만들어지는 과정 모두 동위원소에 빚진 바가 크다. 그렇기에 중수의 발견도 노벨상을 수상할 가치를 부여받게 되었던 것이다.

쉬민은 포피린에 철이 결합한 헴의 생합성 경로를 밝힌 과학자이다. 그렇기 때문에 그가 연구한 주제는 헴, 헤모글로빈, 적혈구에 이르는 층위를 고루 갖게 된 셈이었다. 뉴욕에서 태어나 나중에 컬럼비아 대학으로 옮긴 쉬민은 글리신이라는 아미노산을 이용해서 연구를 시작했다. 모든 아미노산 중 가장 간단한 분자인 글리신은 유전자를 구성하는 핵산의 원료로도 그리고 쉬민이 발견한 헴 구조의 원재료로도 사용된다.

결과론적 해석이 되겠지만 어쨌든 쉬민이 글리신을 택한 것은 잘한 일이었다. 우리가 단백질 음식물을 먹으면 위와 소장을 거치면서 스무 개의 레고 골격 아미노산으로 분해된다. 이들 아미노산은 필요하다면 에너지원이 될 수 있지만 새로운 단백질을 만드는 빌딩 블록으로도 쓰인다. 예를 들어보자. 성인의 몸에서 하루에 떨어져 나가는 각질의 무게는 얼마나 될까? 1.5그램이다. 《숫자로 풀어가는 생물학 이야기》(홍릉과학출판사, 2018)에 따르면, 책을 보고 있으면 피부세포의 부피는 대략 장 안의 상피세포 혹은 섬유아세포와 비슷하고 약 0.15나노그램의 무게를 갖는다. 주먹구구식으로 계산하면 하루에 죽어나가는 세포의 수는 100억 개 정도이다.

그러나 이뿐만이 아니다. 피부의 표면적은 대략 1.7제곱미터이다. 반면 우리의 속 피부인 소화기관은 180~300제곱미터라고 한다. 그렇다면 좀 엄격하게 따져도 그것의 100배에 해당하는 세포가 소화기관에서 떨어져나간다. 왜냐하면 속 피부도 촉촉하게 관리해야 하기 때문이다. 2014년 스칸디나비아 소화기 저널에 의하면 이는 좀 과장된 수치라고 한다. 그렇다고는 해도 여전히 피부보다는 넓어서 30~40 제곱미터에 이른다. 소장의 표면적이 압도적으로 넓고 대장은 약 2제곱미터, 위와 식도 합해서 약 1제곱미터이다. 우리 몸에서 매일 수천억 개의 세포가 사라지는 것이다.

어찌해야 하겠는가? 물론 다시 만들어야 한다. 사라지는 세포만큼 새롭게 만들어야 한다. 우리가 먹는 음식은 에너지를 만드는 데만 사용되는 것은 아니다. 이렇게 떨어져 나간 세포도 만들어야 하고 고장 난 단백질도 수선해야 한다. 쉬민이 먹었던 글리신도 정확히 이런 역할을 했다. 그는 사흘에 걸쳐 질소 동위원소가 들어 있는 글리신 66그램을 먹었다. 그런 후 주기적으로 혈액을 뽑아냈다. 혈구에 남아 있는 동위원소의 양을 측정하고 쉬민은 적혈구의 수명이 127일이라는 논문을 발표했다.

쉬민은 영특하기도 했지만 무모할 정도로 용감했다. 동위원소 66그램이면 일회용 커피를 다섯 개 이상 먹는 양이다. 일회용 커피 하나의 무게는 얼추 12그램 정도이다. 앞에서 쉬민이 글리신을 선택한 것이 운명적이라고 말했지만 그가 식물을 연구하는 사람이었다면 동위원소를 썼다고 해도 헛짓을 했을 것이 분명했을 것이다. 왜냐하면 헴을 만들 때 식물은 글리신이 아니라 글루탐산을 재료로 쓰기 때문이다. 식물이 주로 낮에 광합성을 한다고 해도 밤에는 호흡을 한다. 밤이 되면 식물도 동물이나 크게 다를 바 없다. 산소를 써서 이산화탄소를 내어 놓는다. 이 말을 다른 식으로 표현하면 식물도 미토콘드리아를 가지고 있다는 뜻이다. 움직이지는 못한다고 하지만 식물의 세포는 사실 동물의 세포보다 훨씬 복잡하다.

식물과 동물은 다르다

미토콘드리아는 식물도 가지고 있지만 엽록체를 더 가지고 있다. 헴 합성과정을 상세하게 서술하지는 않겠지만 식물과 동물은 서로 다른 재료를 사용한다. 쉬민이 먹었던 글리신을 사용하는 동물에 비해 식물은 글루탐산을 재료로 쓴다. 글리신과 글루탐산의 화학적 차이는 우선 탄소의 숫자이다. 탄소 두 개인 글리신보다 탄소가 다섯 개인 글루탐산이 시작 물질로 더 이상적인 것처럼 보인다. 포피린 상자는 질소 하나를 탄소 원자 네 개가 둘러싼(피롤이라고 부른다) 고리 네 개의 블록으로 이루어졌기 때문에 글루탐산은 탄소 하나만 버리면 이론적으로 피롤 블록을 만들 수 있다. 그렇지만 질소 하나를 가진 글리신은 어디선가 탄소를 꿔 와야 한다. 바로 크렙스 회로를 구성하는 숙신산에서 탄소를 얻어 피롤 분자가 만들어진다. 쉬민이 글리신을 먹었기 때문에 그리고 후속 실험에서 계속 오리의 적혈구를 사용했기 때문에 그는 동위원소가 포함된 포피린, 헴 그리고 적혈구를 얻었다.

과학자의 바람직한 자세라고 일컫는 열린 생각과 회의론적 사고방식을 고수했던 쉬민은 적혈구의 수명에서 헴의 합성 과정 다시 말해 포피린 합성 과정을 논리적으로 추론하고 동위원소를 사용해서 증명할 수 있었다. 헴 합성 과정만을 생각하면 광합성을 하는 남세균과 식물이 한 그룹에 속한다. 나머지는 글리신과 숙신산을 사용하는 나머지 집단이다.

식물계의 흙수저

2015년 말라리아 퇴치제 연구로 노벨상을 수상한 중국의 투유유는 사철쑥이라는 식물에서 말리리아 열원충을 죽이는 아르테미시닌artemisinin이라는 물질을 발견했다. 플라스모듐 팔시파룸이라 불리는 말라리아 열원충은 아주 흥미로운 생물이다. 왜냐하면 이들은 동물 세포보다 더 복잡하기 때문이다. 핵에 미토콘드리아, 그리고 퇴화되긴 했지만 엽록체도 갖는다. 따라서 엽록체를 목표로 하는 제초제는 말라리아를 예방할 수도 있다. 그렇지만 광합성을 하지는 못한다.

말라리아 얘기가 나와서 말인데 최신의 소식을 하나 알아보자. 2016년 7월에 나온 결과인데 제목이 제법 센세이셔널하다. '닭과 함께 살면 모기에 안 물린다'는 제목을 보면 대충 짐작하겠지만 닭에서 나오는 특유의 냄새가 모기를 멀리할 수 있다는 것이다. 아마 그 냄새의 정체를 추적하면 말라리아모기 기피제를 개발할 수도 있을 것이다. 닭의 털에서 검출된 나프탈렌과 헥사데칸이 그 냄새의 주성분이라고 에티오피아와 스웨덴 연구진은 밝혔다. 사하라 사막 이남 지역에 양계장을 차리면 닭도 먹고 알도 먹고 할 수 있지 않을까?

아마 말라리아 열원충은 식물이 되려다가 모기나 사람에 빌붙어 살기로 삶의 전략을 수정한 모양이다. 하지만 식물 중에서도 광합성 효율이 시원찮은 종들이 있다. 대표적인 예를 들라면 아마도 이른 봄부터 붉은 색 이파리를 틔우는 적단풍일 것이다. 앞에서 얘기했다시피 나뭇잎이 푸른 것은 엽록소 때문이다. 이 세포 소기관이 초록색 빛을 반사하기 때문이다. 대신 가시광선 중 청자색과 황적색 파장의 가시광선을 흡수한다. 따라서 붉은 빛이 나는 단풍은 (유전자든 혹은 다른 뭐가 문제든) 적색의 빛을 흡수하지 못한다. 광합성의 효율이 낮다는 의미이다. 가히 식물계의 흙수저라 할 수 있다. 대신 사시나무는 앞뒷면 모두를 이용해서 빛을 빨아들이면서 아주 게걸스럽게 광합성을 한다.

환자의 토사물 먹기: 스터빈스 퍼스(Stubbins Ffirth, 1784~1820)

말라리아는 우리말로 학질모기이다. 이왕 모기 얘기가 나왔으니 모기가 매개하는 질병 한 가지를 더 살펴보자. 모기가 질병을 옮기는 귀찮기 그지없는 곤충이라는 누명을 쓰게 된 까닭은 그들이 피를 빨아 먹기로 작정한 까닭이다. 사실 피는 영양소로서는 그리 훌륭한 것이 못된다. 지질이나 당분도 부족하고 무엇보다 균형 잡힌 식단이라는 점에서 비타민도 부족하다. 대략 10만 종의 곤충 중 피를 먹는 생명체는 1만 4천 종에 불과하다. 인간의 피를 빨아먹는 곤충은 수백 종이다. 얼마 안 된다고 하지만 같이 살아가기에는 달갑지 않은 생명체들임에 틀림없다.

미국 개척사에서 가장 치명적인 전염병은 1793년 필라델피아에서 발생했다. 당시 5만이던 인구의 10퍼센트가 넘는 5천 명이 죽고 2만 명이 도시를 떠났다니 엄청난 타격을 입었을 것이라 짐작할 수 있다. 서른여섯이라는 젊은 나이에 죽은 스터빈스 퍼스가 열 살쯤에 일어난 사건이다. 개인 기록이 많지 않아서 짐작할 수 없지만 퍼스의 가족이나 친척 중 죽은 사람도 있었을 개연성이 높다. 사태가 좀 수그러들고 청년이 된 퍼스는 필라델피아 대학에 들어갔다.

당시 필라델피아를 덮친 것은 황열병이었다. 모기가 매개하는 바이러스성 출혈 질환이라는 것을 지금은 알고 있지만 당시에는 질병의 원인을 알지 못했다. 주로 적도 지방에서 발병하던 질병이 미국 남부까지 상륙한 것이었다. 감염 환자들은 사나흘 고혈과 오한에 시달리며 두통과 구토를 반복한다. 토사물은 검고 피부는 누렇게 떴다. 그러나 이레를 넘으면 죽어 나갔다.

유럽에서 흑사병이 극심했다는 말은 앞에서 했지만 근세에 들어서도 콜레라와 장티푸스가 한 번씩 출몰하고는 했다. 의사 혹은 과학자들은 이 황열병이 접촉을 통해 전염된다고 믿었다. 그렇지만 퍼스는 경험상 겨울이 되어 서리가 내리면 병의 발발이 주춤해지다가 사라진다는 사실이 머릿속에 남아 있었다. 그렇기에 그는 깜냥에 없는 실험을 계획했다. 어떤 과학사가는 '독창적'인 표현을 쓰기도 했지만 지금으로 치면 '미친' 짓을 한 것이다.

퍼스는 황열병 환자와 접촉하는 것이 위험하지 않다는 사실을 증명하기 위해 환자의 토사물에 적신 빵을 우선 강아지, 고양이에게 먹인 다음 자신도 먹었다. 다들 무사했다. 그러나 토사물을 정맥에 투여하자 죽어버렸다. 그렇지만 물만을 주사했을 때도 개가 죽었기 때문에 황열병 때문은 아니라고 보았다. 다음에는 실험동물을 아예 바꾸어버렸다. 바로 자신이었다. 우선 죽어 나간 환자의 침대에서 잠을 잤다. 또 퍼스는 환자 몸에서 나오는 모든 것을 먹었다. 오줌, 피, 침, 땀 등이었다. 몸에 생채기를 내고 환자의 분비물을 집어넣기도 했다. 지금 생각하면 충분히 위험한 행동이었지만 어쨌든 그는 살아남아 박사 논문을 완성하고 황열병은 접촉으로는 전염되지 않는다고 말했다.

이런 미친 이력 말고는 그가 과학사에 남긴 것은 기실 아무것도 없다. 그러나 그의 실험은 확실히 이 질병이 다른 전염성 질환보다 접촉에 의해 감염될 여지가 적다는 점을 분명히 했다. 접촉성과 접촉성이 아닌 전염 경로를 명확히 구분 지었다는 뜻이다. 후에 모기와 황열병의 연관성을 밝힌 사람은 쿠바의 과학자인 카를로스 핀레이(Carlos Juan Finlay, 1833~1915)였다. 황열병의 정체가 바이러스라는 사실도 점차 확실해졌다.

필라델피아 황열병은 유럽에서 흑사병이 그랬듯이 과학 발전을 한 단계 도약시킨 계기라고 평가된다. 황열병을 포함하는 전염성 질병의 정체를 밝히기 위해 많은 의사와 과학자들이 뛰어들었기 때문이다. 스터빈스 퍼스의 행동을 보고 있으면 드라마 〈대장금〉이나 〈허준〉이 생각나기도 한다. 물론 그들의 이미지는 텔레비전에서 얻은 것이다. 헌신을 다해 환자를 보고 약초를 찾아 다리고 하는 모습들 말이다. 그렇지만 그들 중 누구도 환자의 토사물을 맛본다거나 자신을 실험 도구로 내몰지는 않았다.

허긴 퍼스의 행위는 그로테스크하다고 해야 할 것이다. 곰곰이 생각해보면 사실 우리 조상들이 먹던 식재료들은 아무리 좋게 말해도 다 그런 자신을 모르모트로 던지는 경험을 통해 간택된 것 아니었을까? 근대 과학사를 들춰보면 자신을 볼모로 실험을 수행한 사람들이 꽤 많았다. 중수 때문에 물고기들이 죽고 개들도 죽었다. 개는 황열병 실험 때문에도 죽었다. 그렇지만 그들은 후대 인간들에게 묻는다. 왜 중수는 물고기를 죽였을까? 개를 죽인 황열병의 정체는 무엇일까?

칼 빌헬름 셸레 : 모든 화합물 맛보기

앞에서도 얘기했지만 셸레는 최초로 산소의 존재를 알아낸 사람으로 꼽힌다. 그는 제대로 된 정규 교육을 받지는 않았지만 약국의 조수로 일하면서 화학물질을 섞고 반응을 진행시키면서 탁월한 실험 능력을 선보였다. 많은 화합물을 발견했지만 요산이나 몰리브덴산을 발견한 사실은 참으로 놀랍다. 첨단 분석 기법이나 금속 분석기 없이 그런 발견을 해냈기 때문이다. 대기 중 산소의 비율이 대략 5분의 1이라는 사실도 알았다. 프랑스의 라부아지에도 나중에 그 사실을 확인했다.

그도 자신이 키우는 동물과 식물에 이들 화합물을 마시고 뿌려댔으며 스스로도 거리낌 없이 실험동물이 되었다. 일일이 냄새를 맡고 맛을 보고는 했다. 퍼스가 서른여섯을 넘기지 못하고 죽었듯이 셸레도 마흔네 살에 죽었다. 후세 과학사가들은 그가 수은이나 청산 혹은 납, 비소 중독으로 죽었으리라 생각한다.

스웨덴의 화학자인 셸레는 무엇 때문에 그렇게 화학을 공부하고 실험에 열중했을까? 셸레는 스트랄준트라는 당시 스웨덴 도시에서 태어났다. 지금은 독일 땅이다. 어린 셸레는 생업에 바쁜 아버지보다는 아버지 친구로부터 화학 혹은 의약품에 대해 배웠다. 열네 살이 된 셸레는 예테보리라는 도시로 가서 보조 약제사가 된다. 낮에 일하고 밤에는 몰래 화학 약품을 가져다 실험하고 책을 읽었다. 그때 그가 읽은 책 중에는 플로지스톤에 관한 것도 있었다.

플로지스톤은 연금술적 냄새가 짙게 풍기는 가상의 입자이다. 쉽게 얘기하면 숯이 불에 타 재로 변하면 플로지스톤이 소모되고 이 입자가 전부 없어지면 불이 꺼진다. 그러니까 잘 타는 물질은 플로지스톤을 많이 가진 것이다. 철이 녹이 슬거나 금속이 산화해도 플로지스톤이 빠져 나간다고 생각했다. 소년 셸레도 플로지스톤 이론에 푹 빠져서 잠을 잊고 실험을 밤새도록 했다. 지적 호기심이 넘쳐나던 시절이었다.

생화학자이지만 작가로 이름이 높은 아이작 아시모프(Isaac Asimov, 1920~1992)가 얘기하듯 셸레는 '억세게' 운이 없는 사람으로 유명하다. 그렇지만 내가 보기에 그는 연금술과 화학의 경계를 왔다 갔다 한 사람이고 그 경계는 라브와지에에 의해 완전히 사라졌다. 연금술적 플로지스톤이 근대 화학의 명찰을 단 산소로 대체되었기 때문이다. 셸레는 자신이 발견한 산소 가스가 플로지스톤과 결합하여 불꽃을 피운다고 보았다. 그래서 그는 산소를 '불의 공기'라고 불렀다.

산소 발견 말고도 셸레는 중요한 금속들인 몰리브덴, 망간, 텅스텐, 바륨, 수소, 염소 가스를 발견했다. 그렇지만 그 영예는 험프리 데이비(Humpry Davy, 1778~1829)에게 돌아갔다. 유기산인 옥살산, 요산, 젖산, 시트르산도 셸레가 발견한 것이다. 어리기는 했지만 셸레는 매우 사교적이었던 것 같다. 가는 곳마다 화학적 지식을 토론할 수 있는 친구 혹은 교수들을 사귀었기 때문이다. 해박한 지식과 정교한 실험 기술을 가진 사람으로 알려지면서 그는 마침내 산소를 발견하기에 이른다. 학교에 다니지는 않았지만 스웨덴 과학협회 회원이 되었다. 나중에 약제사 시험에도 합격해서 안정된 삶을 살수도 있었지만 결코 그는 실험과학을 떠나지 않았다.

셸레가 발견한 화합물은 나중에 실생활에 유용한 기술 산업으로도 이어졌다. 대량으로 인을 생산하는 방법을 찾은 것이 한 예이다. 스웨덴이 세계 성냥 산업을 이끌게 된 동력이 바로 여기서 나왔다. 가히 연금술적이지 않은가? 베이컨은 연금술을 '포도밭에 금을 숨겨둔 아버지' 이야기에 비유했다. 아들은 금을 찾는 과정에서 땅을 일구고 땀을 흘렸던 것이다. 포도 수확이 늘었을 것은 자명할 것이라는 말이다. 또한 연금술사들이 금을 찾으려 하면서 화학적 방법론과 도구를 매우 정치하게 빚어왔다는 의미를 함축한다.

셸레의 실험을 묘사한 글을 보고 있으면 예전에 보던 텔레비전 프로그램 〈부리부리 박사〉가 떠오른다. 예컨대, "친구가 준 연망간석(망간에 산소 두 분자가 붙은 검은 색 암석)에 염산을 섞고 뜨거운 모래 위에 놓으니까 녹황색 연기가 배어나왔다. 강한 향이 났다. 이 공기가 위로 퍼지지 않고 가라앉는 것으로 보아 공기보다 무겁다. 이 가스는 물에 녹지 않고 젖은 리트머스 종이나 꽃을 모두 탈색하였다. 이 가스는 표백 효과가 있다." 나중에 험프리 데이비는 이 가스가 염소라는 사실을 보고했다.

셸레가 실험하고 있는 모습이 눈에 선하게 그려진다. 염소의 발견은 궁극적으로 소독제 산업으로 연결되었다. 스웨덴 사람이지만 독일어를 고수했던 셸레가 시험관과 분젠버너를 사용해서 얻은 화학적 결과는 공학자, 기술자 혹은 발명가가 쓸 사회적 빌딩 블록이 되었다.

요즘은 성냥을 자주 사용하지는 않지만 표백제는 여전히 우리 주변에서 볼 수 있다. 흔히 우리는 연금술사들을 우스꽝스러운 캐릭터로 묘사하지만 그들이야말로 근대 실험 화학의 선구자이며 토대를 일군 사람들이 아닐 수 없다.

제11장
빅 데이터 시대를
사는 과학자의 보폭

: 과학은 통찰이지
숫자가 아니다

태초에 빅뱅이 있었고

하늘이 열렸다.

그 뒤로 92억 년이 흐르고 먼지가 모여

태양계가 되었다.

지구의 나이를 일주일로 치면 일요일

자정 3분 전에 태어난 인간, 그 인간

하나가 잠을 설치고 두 발로 서서 밤하늘을 본다.

별 하나 보이지 않는 밤, 교회의

전광판이 하얗게 빛난다.

아침은 빛을 몰고 오고 있을 것이다,

인도양이나 건넜을까?

지나간 언어들은 귓전을 맴돌지만

과학적 사고라니?

조르다노 브루노는

갈릴레오보다 30년도 전에

지구가 태양의 주위를 돌고 있다고

입에 못이 박히는 순간까지도 외쳤다.

망각이 그에게 주어진 보상이었다.

그렇게 우주의 변방으로 물러난

지구는 지금도 돌고 있다.

지난 밤 꿈에는 베이컨이* 한 떼의 쥐를

몰고 왔다. 검은 털 집쥐는

야생 생활을 청산하고

사람들의 마을로 내려와

곡식을 훔친다. 쥐를 따라

고양이가 내려왔다.

인간의 마을을 넘본 것이

이들 뿐이랴, 사과와 키위도

* 베이컨은 1561, 갈릴레이는 1564, 데카르트는 1596, 뉴턴은 1643년에 태어났다. 그 당시 임진왜란과 병자호란을 치르던 지구의 한쪽 변방에도 사람이 있었다. 달빛을 모아 얼음을 녹일 수 있을까라고 베이컨은 질문했다. 이순신 장군은 내일은 군사들이 무엇을 먹어야 하는지 근심하고 또 근심했다.

미처 바다로 가지 못한 소와

염소도, 배추도, 무도

원래 거기 있었던 양 거기에 있다.

의심하라, 질량이 있는 물체는

서로를 끌고

접힌 종이는

펼친 종이보다 먼저 땅에 떨어진다.

그러므로

끝없이 의심하라.

마그마가 태양처럼 끓어도

발바닥이 뜨겁지 않은지

느끼고 생각하라.

왜 나무는 중력을 거슬러

하늘로 솟구치고 풀은 눕는가?

산소는 무엇인가, 물은?

얼음은 왜 수면으로부터

얼기 시작하는지, 모르는 것을 불편해하라. 그래서

관찰하고 질문하라.

세상이 그대에게 속살을 열 때까지

일주일의 마지막 3분

의식을 가진 새로운 동물이여
그대를 스스로
자유롭게 하라.
언어는 그대의 뜻을 자주 속이고
감각은 정확하지 않다.
시장 통 어귀를 돌아나온
구수한 냄새의 정체는 무엇이던가?
집 안에 들여놓은 화초는
무엇을 바라 광합성을 하는 것일까?
비를 뿌리지 못하는 구름은 어디로
가는가? 새벽을 걷는
사람들이 들이쉬는 공기는
산소를 20퍼센트 함유하고 있는가? 어떻게
그 사실을 알게 되었을까?
역사는 과학적 사고의 대상이
되는가? 당신의 마음은?
사람들은 말한다.
측정할 수 있고 반증할 수 있어야 한다고.
반지름이 1인 원의 둘레는 얼마인가?
그러므로 다시 생각하라.

맨발로 걸으면 발톱은

손톱과 같은 속도로 자랄 수 있을까?

대장균에게 옳은 것은 코끼리에게도

죄 옳다고 말할 수 있을까?

'왜'라고 의심하라.

가을 山은 바위틈에

탄소를 떨구고 지렁이는

시멘트 바닥에서 길을 잃는다.

그래서

적도는 붉게 타고 남극의

얼음 물고기는 적혈구를 버렸다.

그러므로

지구의 신참자여, 지난

엿새와 스물세 시간 오십칠 분을 상상하라.

무엇이 그대를 여기로

이끌었는지, 그대에게

남은 시간은 얼마인지

그대를 따라오는 신참은 또 누구인지?

상상하고 또 의심하라.

우연마저 그저 스쳐지나가는

것이 아님을.

빅 데이터의 짧은 역사

영국에서 활동하는 광고인이자 작가인 이언 레슬리(Ian Leslie)가 쓴《큐리어스Curious》란 책을 읽다보면 구텐베르크의 인쇄술에 대한 매우 독특한 평가를 접할 수 있다. 이언은 가톨릭교회가 장악한 중세의 유럽에서는 호기심을 죄악으로 단정했다면서 성 아우구스투스의《고백록Confessiones》을 예로 들었다. 호기심에 세 가지 문제가 있다는 것이다. 사람들이 단지 앎 자체를 위해 알 필요가 없는 것을 조사하려는 욕망을 부채질하기 때문에 호기심은 가치가 없다. 또한 파리를 잡는 거미 때문에 기도하던 정신이 흐트러진 적이 있음을 고백하면서 아우구스투스는 호기심이 정신을 공격하는 잡스러운 것이라 보았다. 마지막으로 신성한 권위에 도전하는 인간의 교만함이 호기심에 깃들어 있다고 판단했다. 호기심을 학구적인 진지함과 같은 것으로 여긴 토마스 아퀴나스 같은 사람이 없었던 것은 아니지만 중세의 유럽은 전반적으로 호기심을 억누르는 사회였다. 이러한 억압적 사회의 통념에 구텐베르크 인쇄술이 일격을 가했다는 것이다. 이언은 구텐베르크의 활자가 '호기심을 만드는' 신기술이었다고 진술했다.

무척 흥미로운 판단이다. 어쨌든 16세기 중세 유럽 인간의 지적 활동에 민주화 바람이 거세게 일어났다. 단적인 예는 1660년에서 1800년 사이 영국에서 출판된 책이 30만 종이 넘었다는 사실에서 확인할 수 있다. 권수로는 2억 권에 달했다 하니 책 한 종당 약 1,000부를 인쇄했다는 뜻이다. 필사를 거쳐 책이 유통되던 시절과는 완전히 딴 세상이 펼쳐진 것이다. 이런 경향은 최소한 두 가지 의미를 지닌다. 우선 내용이 동일한 한 종류의 책 복사본이 여러 권 유통된다는 점을 들 수 있다. 한 사회가 이뤄낸 특정한 정보가 다양한 사람들 사이에서 읽힌다는 점은 곧 정보 공유의 민주화로 귀결된다는 사실이다. 일부 집단에 의해 독점되는 정보는 언제든 독재의 형태를 띨 수밖에 없다는 점을 떠올리면 구텐베르크 인쇄술의 영향력이 얼마나 컸는지 짐작할 수 있다. 또한 여러 권의 책을 한 저자가 쓴 경우도 있겠지만 30만 권이나 되는 종류의 책이 출판되었다는* 사실은 바로 정보 생산의 민주화를 반영한다고 볼 수 있다. 구텐베르크 사후 100년이 지나 태어난 베이컨은 추상적 원리가 아

* 15세기 이탈리아 베네치아에서는 4,500종의 책이 약 200만 권쯤 인쇄되었다고 한다. 얼추 한 종에 500부 정도를 찍은 셈이다. 한 세기 뒤에는 약 500개의 인쇄소에서 1,800만 권의 책을 그야말로 찍어냈다. 약 4만 종의 책이 새롭게 지식의 창고에 쌓인 것이다. 17세기에는 암스테르담이 베네치아처럼 유럽의 중심 도시가 되었다. 네덜란드는 종교적 다양성을 인정하고 관용을 베푸는 일종의 비무장지대였다. 정보가 모이고 재화가 몰려들었고 사람들이 그 뒤를 따랐다. 네덜란드 공화국의 주요 인쇄업자였던 엘제비어(Elsevier)는 학자가 편집자 역할을 맡은 최초의 총서를 만들었다. 그의 이름을 딴 다국적 출판사는 지금도 왕성하게 활동한다.

니라 관찰에 의해 인간의 지식이 만들어져야 한다고 갈파했다. 철학자들은 책에서 벗어나 별, 곤충, 대포, 떨어지는 사과 등 주변으로 눈을 돌려야 한다고 말했다. 그것은 저급한 사례로 가득한 하수구에 빛이 드는 것과 같다. 그러면서 베이컨은 이렇게 말했다.

> 햇빛이 궁전과 하수구를 구분하지 않고 깃드는 것처럼 저급하거나 부정한 사례도 자연사를 결코 훼손하지 못할 것이다.
>
> —《신기관》 중 잠언 1권 120

사실 구텐베르크나 베이컨은 자신들의 행동이 후대에 어떤 영향을 끼쳤는지 전혀 예상하지 못했겠지만 16세기 이후로 인류가 만들고 공유해온 정보량은 서서히 증가했다. 물론 지금은 지구 전체로 평준화가 이루어졌다곤 하지만 상당히 많은 양의 정보가 유럽이나 유럽권 국가를 중심으로 생산되었고 유통되었으며 구렁이가 서서히 담을 타고 넘듯 아시아와 아프리카의 국경을 넘어 지금에 이르렀다. 정보의 양이 얼마나 늘어났는지 잠깐 살펴보고 얘기를 풀어가자.

2011년 미국 남 캘리포니아 대학의 마틴 힐버트(Martin Hilbert)와 스페인 바르셀로나 카탈로니아 개방 대학의 프리실라 로페즈(Priscila Lopez)는 사이언스에 논문을 발표하고 2002년을 디지털 시대가 열린 해로 지목했다. 신문이나 책 혹은 사진 영상, 영화 필름처럼 아날로그 방식으로 정보를 저장하던 시대가 지나갔다는 말이다. 대신 사람들은 스마트폰이나 컴퓨터가 제공하는 화면을 통해 뉴스를 본다. 음악을 감상할 때에도 카세트테이프 대신 음원 사이트에 접속한다. 영국의 소셜 미디어 기업 '위아소셜We Are Social'은 2017년 현재 전 세계 인구의 약 절반인 38억에 이르는 사람들이 인터넷을 사용한다고 추정했다. 서울 시내 지하철 안의 모습을 떠올리면 과연 그렇겠구나 생각이 든다. 위에서 언급한 사이언스 논문을 다시

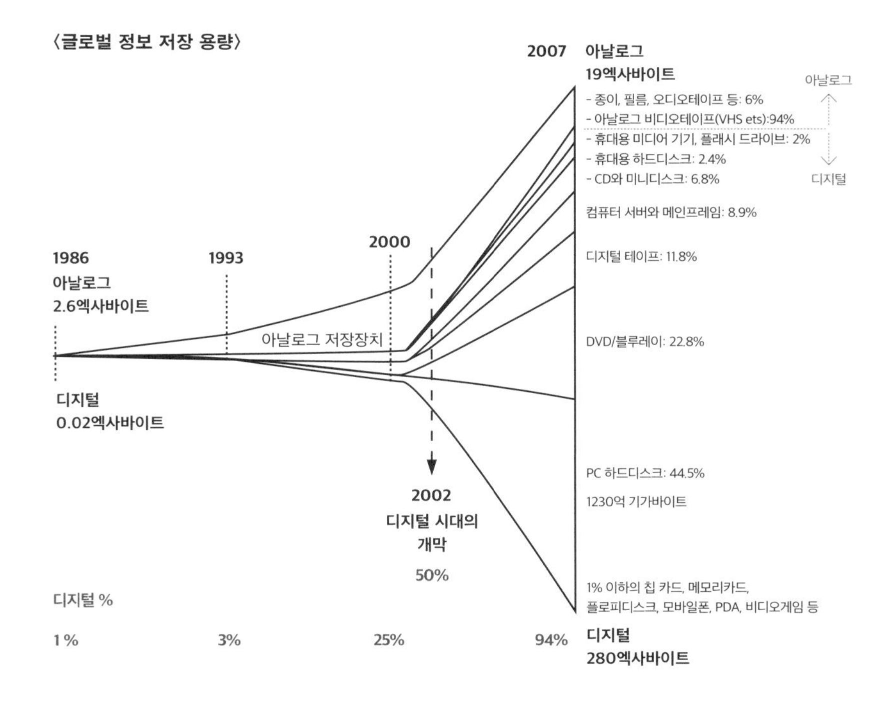

보면 2007년 현재 인류가 생산하고 소비하고 저장하는 정보의 약 94퍼센트가 디지털 매체를 사용한다.

소비자가 직접 만드는 정보는 보다 효율적이고 집약적인 저장 수단의 등장과 함께 18개월마다 그 양이 두 배로 늘어난다. 어떤 사람들은 현재 인류가 가진 정보량이 75억 명 하나하나가 각기 80개의 알렉산드리아 도서관을 보유한 것과 맞먹는다고 말했다. 그 양을 짐작하기는 힘들지만 어쨌든 정보의 양이 베이컨이 살던 시대와는 왕청뜨게 다르다는 점에 대해서는 이견이 있을 수 없다. 그래서 이제 인류는 지금껏 한 번도 겪어보지 못했던 방대한 양의 정보와 함께 살아가는 방식을 궁리해야 할 상황에 이르렀다.

현재 구글의 이념은 '세계의 모든 정보를 모든 사람이 접근할 수 있게' 만드는 것이다. 증기 동력 인쇄기와 정기 간행물의 등장, 신문, 정확한 것이든 그렇지 않은 것이든 정보는 빠른 속도로 퍼져나갔다. 하지만 문제가 없는 것은 아니다. 시효가 지났거나 더 이상 효용성이 없는 정보를 생산하고 처분하는 방식이 새로운 문제로 떠오르기 시작했다.

현대 과학도 '파우스트적 딜레마'*에 시달린다. 정부 또는 기업

* 벤처를 설립한 교수를 파우스트에 빗대 '악마에게 영혼을 팔았다'고 빈정대던 백만장자 교수가 문득 떠오른다.

의 지원을 받는 대가로 학문의 독립성이 훼손되고 학자가 자본에 종속되는 현상은 점점 정도가 심해졌다. 정보와 지식이 자본의 영향 아래 종속될 가능성이 커지고 있다. 마찬가지로 인터넷에서는 생기는 것만큼은 아니겠지만 매일 엄청난 양의 정보가 사라진다. 거짓 지식과 아직 날것인 지식(혹은 정보)의 무질서 때문에 건초더미에서 바늘을 찾지 못할 때가 드물지 않다.

특히 자연과학 분야에서 발견의 속도가 빨라지면서 그와 동시에 그 지식은 급속도로 생동성을 잃어버린다. 그래서 낡은 지식을 파괴하고 정리하는 것도 반드시 필요한 일이 되었다. '과학적 쓰레기'도 과학 탐구의 주제가 된다는 뜻이다. 1960년대 초까지 발행된 약 5만 종의 과학 정기 간행물은 최소한 600만 편의 논문을 실은 것으로 계산되었으며 그 뒤 매년 50만 편씩 그 수가 늘어나고 있다고 한다. 가히 지식의 폭발이라 할 만하다. 하지만 이들 논문 대부분은 동료 과학자들의 시선을 비껴간다. 예를 들어 1958년 당시 화학 분야 학술지에 게재된 논문 중 화학자 한 사람이 읽는 분량은 전체의 0.5퍼센트에 불과하다는 조사 자료가 있다. 저널의 수가 급증한 현대에 이르면 그 수치가 얼마나 떨어질까 심히 걱정이 들기도 한다. 간단히 인간이 다뤄온 정보의 역사를 살펴보자. 그 다음 그 정보가 우리에게 던지는 의미가 무엇인지 정리해보겠다.

데이터 크기가 커졌다는 이야기가 인구에 회자되기 시작한 지는 한참 되었다. 이미 70년 전에 당시 인류가 가지고 있던 데이터의 크기가 얼마나 빠른 속도로 성장하고 있는지 수량화하려는 시도가 있기도 했다. 현재 인류가 축적하는 정보의 양은 놀라워서, 사람들은 캄브리아기 대폭발에 버금가는 정보의 대폭발이라고 묘사하기도 한다. 옥스퍼드 영어사전에 따르면 이 용어가 처음 사용된 때는 1941년이다.

앞에서 살펴보았듯 16세기 서유럽에서 출판물의 수량이 급증했다고 하지만 그것은 그리스나 중세 시대와 비교했을 때 그렇다는 것이고 그것은 구텐베르크의 활자가 있었기에 가능한 일이었다. 종이가 아니라 자기 테이프에 정보를 저장하는 방법은 불과 100년이 지나지 않아 인류가 생산하는 거의 모든 정보를 흡수해버렸다. 한국에서 월드컵이 진행되던 2002년을 기점으로 이 세계가 디지털 시대로 접어들었다고 과학자들은 판단하는 모양이다.

생물학에서는 한 종의 수명을 50만 년으로 생각한다. 인간 종이 언제부터 지구상을 누볐는지에 대해서는 일치된 견해가 없지만 최소한 100만 년은 넘었을 것이다. 하지만 화석이나 혹은 동굴 벽화 등의 유적에서 발견된 정보 저장의 흔적은 그리 오래된 것이 없다. 몇 가지 예를 들어보자. 첫 번째 증거는 화석이다. 1960년 벨기에의 장 드 브라우코트(Jean de Heinzelin de Braucourt)가 우간다에서 발견한 이샹고Ishango 뼈는 전기 구석기인 기원전 2만~1만 8천 년 사이에 제작된 것으로 판정하는데, 비비 원숭이 뼈에 눈금이 새겨져 있다. 고고학자들은 이것이 아마도 계산기 혹은 달력으로 사용되었을 것으로 추정하고 있다. 기원전 2,400년경의 것으로 밝혀진 주판abacus은 고대 메소포타미아 비빌론 사람들이 계산하기 위해 만든 최초의 도구로 간주된다. 최초의 도서관도 이 시기에 등장한다고 한다. 함무라비 법전을 만들 정도로 문명이 개화했으니 어떤 식이든 정보를 저장할 필요가 생겼을 것이다. 참고로 약 1400년경, 그러니까 조선이 개국한 뒤 주판은 중국에서 한국으로 전해졌다. 중국에서는 기원전 2세기 주판을 사용했다는 기록이 남아 있다고 한다.

기원전 300년~48년경 알렉산드리아 도서관이 아마도 고대 세계에서 가장 많은 정보량을 가지고 있었을 것이다. 약 50만 개의 두루마리 책을 가지고 있으며 오늘날 우리가 배운 거의 모든 정보의 맹아가 다 있었을 것으로 생각된다. 로마가 침략하면서 도서관이 불타고 책이 사라진 것으로 알려졌지만 사실 상당히 많은 정보가 다른 도시로 옮겨갔거나 흩어졌다고 한다. 기원후 한동안은 로마가 세계를 주름잡던 시절이었다. 100~200년경 안티키티라 기계antikythera mechanism는 세계 최초의 아날로그 컴퓨터로 알려졌다. 올림픽 경기의 주기 혹은 천문의 위치를 계산하기 위해 그리스인이 설계한 것으로 추정되는 기계이다. 20세기 초반 그리스의 안티키티라 섬 앞바다에 가라앉은 고대 로마 시대의 난파선을 조사하는 과정에서 이 유물이 발견되었다. 이 정도의 복잡성과 세공 기술을 가진 유물은 14세기에 서유럽에서 천문시계가 만들어질 때에야 비로소 다시 나타난다.

정보의 양이 늘어나면 그것을 다루는 방법론도 발전하게 된다. 입자의 수가 엄청나게 많은 기체의 물성을 다룰 때 통계 역학이 필요한 것과 마찬가지다. 1663년경 런던의 존 그랜트(John Graunt, 1620~1674)는 역사상 최초의 통계 분석을 수행했다. 23년에 걸친 사망률 정보 기록을 바탕으로 그는 유럽에서 페스트의 경보 체계를 만들었다. 두어 세기가 지나 세계의 중심은 점차 신대륙인 미국으로 넘어가려는 조짐이 보였다. 1880년 미국 통계청은 자신들이 실시한 인구조사를 완전히 분석하려면 8년이 걸린다는 예측을 내놓았다. 이 문제에 직면하여 허먼 홀러리스(Herman Hollerith, 1860~1929)가 천공 카드를 만들어냈다. 이 기계를 이용해서 그는 10년이 걸린다던 인구 통계를 3개월 만에 처리해버렸다. 가히 자동 계산의 아버지라 불릴 만했다. 훗날 홀러리스는 IBM의 전신이 될 회사를 설립했다.

1926년 니콜라 테슬라가 등장했다. 콜리어 잡지와 인터뷰하면서 그는 무선 통신에 대해 언급하고 그것이 머지않아 인류의 주머니 안으로 들어올 것이라고 예견했다. 이런 점에서 보면 그는 너무 세대를 앞섰고 에디슨이라는 달갑지 않은 동료를 만나 피폐한 삶을 살았던 것으로 보이기도 한다. 어쨌든 대세는 저장 방법의 획기적 변화였다. 1928년 독일의 공학자인 프리츠 플로이머(Fritz Ffleumer, 1881~1945)는 자기 테이프에 정보를 저장하는 방식을 개발했다. 대부분의 디지털 데이터가 컴퓨터 하드 디스크에 저장되는 원리는 플로이머 이후 별로 변한 것이 없다. 정보의 저장 매체가 변화하면서 정보의 양이 늘어났다. 미국 국세청은 1965년 소득 신고서 7억 4,200만 건과 1억 7,500만 건의 지문 정보를 자기 테이프에 저장할 수 있는 데이터 센터의 설립을 기획했다. 1970년 에드가 코드(Edgar F. Codd)는 관계형 데이터베이스 체계를 고안했다. 전문가가 없이도 컴퓨터 메모리 저장소에서 데이터를 찾아낼 수 있게 정보를 체계적으로 저장하는 방식이다. 기술은 과학을 뛰어넘어 엄청난 진보를 이루고 있었다.

1989년에는 처음으로 빅 데이터란 신조어가 탄생했다. 유명작가 에릭 라손은 자신이 받은 정크메일이 빅 데이터 때문이라고 〈하퍼스〉 잡지에 썼다. “빅 데이터를 다루는 사람들은 소비자의 이익을 위해서라고 늘 말하지만 데이터는 원래 의도와 다른 목적으로 사용되기도 한다.” 이런 말은 앞에서 언급했듯 정보가 지식으로 전환되어야 함을 토로하는 듯 보인다. 하지만 한편으로 늘어나는 정보에서 불가피하게 늘어나는 엔트로피에 대한 문제가 임계점을 넘어갈 때의 해결책이 필요할 것이라는 숙제도 남긴다.

컴퓨터가 개인화되면서 정보의 양은 더욱 늘어났지만 사실 인터넷을 그 속도를 증폭시켰다. 꽁무니에 로켓 엔진을 달았다 해도 과언이 아닐 정도로 축적된 정보의 양이 늘어났다. 1991년 컴퓨터 과학자 팀 버너스-리(Tim Berners-Lee)는 오늘날 우리가 인터넷이라고 부르는 통신망을 발명했다. 전 세계적으로 서로 연결된 데이터 연결망이라는(a worldwide, interconnected web of data) 뜻이다. 이와 함께 종이보다 디지털 저장 장치가 보다 경제적인 세상으로 변해갔다.

그러다 보니 사람들은 인류가 생산하는 정보의 양이 얼마나 될까 궁금해 했다. "세상에는 얼마나 많은 정보가 있을까?"라는 논문에서 마이클 레스트(Michael Lesk)는 12,000페타바이트*의 정보가 있을 것이라고 추정했다. 1997년의 일이다. 여기에 덧붙여 그는 10년마다 그 양은 두 배로 늘어날 것이라고 예측했다. 2000년에 접어들며 그 양은 더 늘었다. 피터 리만과 할 배리언(Hal varian)은 "정보는 얼마나 되는가?"라고 되묻고 전 세계 디지털 정보의 양을 계량했다. 매년 출판 도서와 영화, 광학, 자기 정보량의 생산에 15억 기가바이트가 필요하다고 말했다. 지구상 모든 개개인이 250메가

* 페타는 10^15이다. 정보의 양을 표현하기 위한 단위가 10^9인 기가에서부터 1,000배씩 늘 때마다 각각 테라, 페타, 엑사(10억 기가바이트), 제타, 요타(10^24)라는 접두어를 쓴다.

바이트*의 정보를 만들어내는 것과 같다. 여기에는 갓난아이도 포함된다.

사용자가 정보를 제작하는 방식의 Web 2.0은 데이터의 양을 더 늘렸다. 2005년 사용자에 의해 대부분의 콘텐츠가 제작 공급되는 방식이 등장했다. 2004년부터 서비스를 개시한 페이스북은 얼마 지나지 않아 550만 명이 가입한 거대한 데이터 공유 시스템으로 정착하고 있다. 2008년 현재 전 세계 서버가 매일(매년이 아니다) 9.57 제타바이트(9조 5,700억 기가바이트)의 정보를 처리한다. 국제 정보 생산 및 보급 기관에 따르면 2008년에만 14.7엑사바이트의 새로운 정보가 생산되었다. 1천 명 이상의 노동자를 고용한 미국 기업은 200 테라바이트 이상의 정보를 저장하고 있다.

문명을 개시한 후 인류가 2003년까지 생산했던 데이터가 요즘은 불과 이틀 만에 만들어지고 있다고 구글의 에릭 슈미트(Eric Schmidt)는 말했다. 그가 그런 말을 한 지 7년이 지난 후 모바일 기기가 대량으로 보급되면서 이제는 개인용 컴퓨터보다 이를 이용해 정보를 이용한다. 빅 데이터는 우리 곁에 있다. 과연 우리는 휙휙 달

** 그림을 몇 개 집어넣었기 때문에 이 한글 파일의 크기는 2.5메가바이트 정도가 되었다. 하지만 순전히 본문만 따진다면 이 책자는 1메가바이트가 되지 않을 것이다. 어쨌든 250메가바이트는 이런 책이 최소한 100권 이상 된다는 뜻이다.

리는 붉은 여왕과 보폭을 함께할 것인가?

정보와 지식의 양에 관한 몇 가지 언급할 만한 사례 혹은 사건을 더 들어보자. 코네티컷 주 웨슬리언 대학 사서 프리몬트 라이더(Fremont Rider)는 《학자와 도서관 연구의 미래The scholar and the future of the research library》라는 책을 썼다. 1944년이다. 이 책은 미국 대학 도서관장서가 매 16년마다 두 배로 늘어난다고 분석했다. 이런 분석을 토대로 그는 2040년 예일 대학 도서관은 2억 권의 책을 소장할 것이라고 예측했다. 그 정도면 책장의 길이가 6천 마일에 이른다. 지구 표면을 따라 적도에서 북극에 이르는 거리가 그 정도다. 도서 목록을 관리하는 사람만 6천 명이 넘어야 한다고 살뜰하게 자신의 자리를 챙겼다. 우리는 과학 논문도 엄청나게 늘어난 것을 실감한다. 그러나 그런 전조는 진작 보이고 있었다. 20세기 중반을 넘어가면서 저널의 수가 갑자기 늘어난 것이다. 1961년 데렉 프라이스는 자신의 〈사이언스〉 논문에서 과학 논문과 그것을 수재한 저널의 수를 그래프로 그렸다. 새로운 저널은 직선이 아니라 지수함수 그래프를 그리며 그 수를 늘렸다. 계산 결과 저널들은 15년마다 두 배로 늘어났다. 50년이면 약 열 배에 해당한다. 21세기에 들어서는 중국과 인도를 포함하는 신흥 국가에서도 엄청난 양의 저널을 출판하고 논문을 쌓아간다. 많은 과학자들은 거기에 수재된 상당수의 논문이 '정크'라고 냉소적으로 바라본다.

대량 정보 저장 체계라는 화두를 두고 1980년 열린 심포지엄에서(Fourth IEEE Symposium) 톰스랜드(I.A. Tjomsland)는 "여기서 어디로 갈 것인가?"라는 주제로 발표했다. 파킨슨의 제 1법칙은 "데이터는 가용한 공간을 채울 때까지 팽창한다"는 것이다. 이 말은 많은 양의 정보는 그것이 쓸모없다는 사실을 사용자들이 모르기 때문에 그대로 살아 있다는 의미도 담고 있다. 쓰레기 정보를 저장하는 데 치르는 비용은 유용한 정보를 버리는 것으로 고스란히 지불한다. 맞는 말이다.

정보 기록 밀도를 기준으로 정보량을 비교하는 재미난 글도 있다. 1986년 할 베커(Hal B. Becker)는 '사용자들이 얼마나 빠른 속도로 데이터를 흡수할 수 있을까?'라는 글을 데이터 커뮤니케이션즈라는 잡지에 실었다. 1세제곱인치당 500문자였던 구텐베르크의 정보 기록 밀도는 기원전 4,000년 전 수메르 점토 판형문형의 약 500배였다. 하지만 2000년 반도체 메모리의 저장 능력은 일 세제곱인치당 1.25 x 10^11 바이트다. 밀도에다 생산량 곱해야 절대량이 나올 것이기에 비교하는 것 자체가 별 의미는 없겠지만 어쨌든 매우 흥미로운 얘기이다. 1990년 피터 데닝(Peter J. Denning)은 〈아메리칸 사이언티스트〉에 '비트를 절약하자'라는 취지의 논문을 발표했다. 과학자들의 임무는 우리를 궁지로 몰아넣는, 정보의 제어 불가능한 팽창을 막는 일이다. 데닝은 폭발적으로 증가하는 정보 흐름의 양과 속도가 네트워크, 저장 장치 및 검색 장치 더 나아가 인간의 포괄적인 이해 능력에까지 폐해를 끼칠 것으로 보았다. 어떤 기계가 있어서 장치 안의 정보 흐름을 검색하고 정보 자료를 선별할 것이며 이것을 통계 처리할 수 있을까? 패턴의 의미는 이해하지 못하더라도 그 패턴을 예측하고 인식할 수 있는 기계를 만들 수 있을까? 이런 기계들이 있다면 빅데이터를 실시간으로 다룰 수 있을지도 모른다. 또한 비트의 숫자를 줄일 수 있고 방대한 정보 속에 묻힐 뻔한 귀중한 발견을 빠뜨리지 않을 수도 있다.

이처럼 정보의 크기를 무작정 늘리는 데 회의적이거나 비판적인 시각이 존재한다. 여러 분야에서 초강력 컴퓨터가 필요하지만 그것은 한편으로 정보의 '저주'처럼 보인다는 것이다. 빠른 컴퓨터는 다량의 정보를 산출하기 때문이고 그 늘어난 정보량이 지상의 엔트로피를 키운다. 메가바이트는 한때 크다고 여겨졌지만 지금은 개인들도 300기가바이트 용량의 데이트를 흔히 다룬다. 하지만 그 내용을 알아차리기 힘들다. 어떤 사람은 선언적으로 이렇게 말했다. "컴퓨팅은 통찰이지 숫자가(크기가) 아니다." 나도 동의하는 말이다.

똥밭에서 젖 걸러먹기*

정보의 홍수라는 말이 회자될 정도로 갖가지 정보에 무방비로 노출되어 있는 지금, 다시 호기심 문제를 생각해보자. 미국 조지아주 언어연구센터 연구진들은 원숭이와 같은 대형 유인원들이 스스로 언어를 깨우칠 수 있다는 사실을 알게 되었다. 하지만 이들 유인원들은 결코 '왜'라고 질문하지 않는다. 또 이들 유인원과 달리 인간이 유달리 모방에 능하다는 연구 결과도 있지만 여기서는 언급만 하고 지나가자. 어쨌든 우리는 자주 '왜'라고 질문하는 때가 있다. 미국의 교육학자인 존 듀이(John Dewey, 1859~1952)는 호기심이 세 단계를 거쳐 변화할 수 있다고 말했다. 첫째는 어린아이가 본능처럼 주변을 탐구하고 모든 면에 호기심을 드러내는 시기다. 좀 자라서 주변의 다른 사람이 새로운 정보의 원천임을 알게 된 뒤에는 '왜'라는 질문을 남발하는 시기가 찾아온다. 어린아이가 있는 부모들은 이런 사실을 잘 알 것이다. 셋째는 호기심이 관찰과 지식의 축적으로 연결되고 제기된 문제들에 대한 흥미와 관심으로 변형되는 단계이다. 모든 사람이 성인이 되어서까지 끊임없는 호기심을 가지고 세상만사에 흥미로운 질문을 던지지 않는다는 사실을 감안하면 호기심이라는 것도 잘 다루고 간직해야 할 연약함을 가지고 있는

* 박상륭의《칠조어론》에서 빌려온 어구다.

것으로 보이기도 한다.

그래서 호기심은 길들이기 어려운 특성이 있다고 말한다. 앞에서 언급한 성 아우구스투스는 '꼬치꼬치 따져 묻는 자들을 위해 신이 지옥을 만들었다'는 해괴한 말을 하기도 했다. 또 호기심은 정적인 인간의 특성이 아니다. 다시 말하면 호기심은 생겨나기도 하고 사라지기도 한다. 앞에서도 살펴본 바 있지만 《거의 모든 것의 역사》를 쓴 빌 브라이슨은 서문에 이런 말을 썼다.

> 태평양을 가로지르는 비행기에서 달빛이 비치는 바다를 무심하게 바라보고 있었다. 불현듯 내가 살고 있는 유일한 행성에 대해서 그야말로 아무것도 알지 못하고 있다는 불편한 생각이 들기 시작했다.

내가 여기서 주의를 기울이는 단어는 바로 저 불편함이다. 몇 년이 되었는지 모르지만 나는 아직도 화살나무의 코르크 날개*가 무엇 때문에 있는지 알지 못하고 시간이 날 때마다 인터넷을 뒤지며 새로운 논문이 나오지 않았을까 검색하고 식물에 관한 책이 출판되

* 가을 붉은 잎이 아름다운 화살나무의 줄기에는 십자로 화살 촉 같은 날개가 있다. 문재인 대통령은 뭔가 방어용 수단이 있는 나무의 어린잎은 맛이 좋다고 얘기했다. 일리 있는 말이다.

면 맨 뒤 찾아보기를 뒤지며 화살나무가 나오는 항목을 읽곤 한다. 나는 화살나무의 십자 날개가 왜 생겼는지 궁금하고 그 이유를 알지 못해서 지적으로 불편하다. 이렇듯 호기심은 어느 순간 생겨나 불편한 감정과 함께 우리 주변을 맴돈다.

생겨날 수도 있지만 사라질 수도 있기 때문에 호기심을 억누르는 어떤 사회적 장치 혹은 문화에도 신경을 써야 한다. 중세 기독교 사회처럼 성직자의 이권이 정보의 독점과 관련이 있다거나 가부장적 문화가 오랜 기간에 걸쳐 사람들의 뇌리를 장악한 사회라면 호기심은 기존의 권위를 억누르는 죄악이 될 수도 있는 것이다. 직업 교육에 치중하는 학교 교육도 호기심을 억누르는 제도가 될 수 있다. 따라서 호기심을 촉진하고 유지하기 위해서는 마치 동적 평형계가 끊임없는 물질의 유입을 필요로 하듯 일종의 훈련과 연습이 필요하리란 생각도 든다. 내가 아는 독서모임 중 흥미로운 집단을 하나 알고 있다. 회사원도 있고 교수도 참여하는 이 모임에서 연자는 매주 일요일 자신이 공부하고 외운 지식을 칠판에 빼곡히 쓰면서 발표한다. 미시세계 혹은 뇌의 구조를 외워 그리면서 그들은 아마도 어떤 종류의 쾌감을 느낄 것이라고 나는 믿는다. 사실 배움이 동반되지 않는 호기심은 지식으로 승화하지 못하고 날 것 상태로 머물 가능성이 크기 때문에 고통스런 암기는 필요불가결한 과정처럼 여겨지기도 한다. 하지만 나는 그것이 한 단계 넘어선 질문으로 거듭나기를 진심으로 바란다.

사실 우리의 뇌에 들어 있는 수천만 개의 신경세포는 돌기를 뻗어 약 1,000개의 세포와 교신한다. 그렇다면 우리의 신경세포가 자주 외출하는 길목에 잔디가 파이듯 길이 확연하게 나게 될 것이다. 이것이 바로 오랜 기억이고 이를 바탕으로 정보는 새로운 정보와 통합이 가능해진다. 정보끼리의 이러한 전이 가능성은 어렵게 배웠을 때 더 잘 배운다는 심리학계의 실험 결과와 일치된다. 사실 우리는 살아가면서 이런 경험을 한번쯤은 하게 된다. 나도 수학문제를 푸는 데 며칠이 걸린 적이 있었다. 물론 입시와 관련되는 것이기는 했지만 어쨌든 답을 보지 않고 수학문제 하나를 풀기 위해 수학자습서 한 권을 통독하기도 했다. 이런 얘기를 하다보면 앞에서 황을 집어넣어 고무에 탄력을 부여한 굿이어가 떠오른다. 관찰의 세상에서 행운은 준비하며 진득이 기다리던 사람에게 오는 것이다. 왜냐하면 그들은 해답을 찾아 다양한 접근 방식을 여러 가지 방식으로 시도하던 중이었기 때문이다. 따라서 신경세포도 번뜩이듯 기회를 포착할 수 있게 되는 것이다.

인류 역사상 축적된 정보의 양이 유례없이 급증한 시대 호기심은 어떤 기능을 할 수 있을까? 나는 이 순간 진화의학의 기본적인 명제가 떠오른다. 인간의 뇌는 이렇게 빠른 속도로 급증하는 정보의 양에 적응하지mismatc 못했다는 가설이다. 우리 뇌의 신경세포는 호기심이 촉발하는 질문에 답하기 위해 조금은 힘들고 반복적인 지식의 근육 운동을 거쳐 비로소 지식으로 체화하는 역사적 과정을 거쳤기 때문이다. 과거 우리 구석기(보다 가까이 신석기 조상도 마찬가지였겠지만) 조상들은 저 산 너머 무엇이 있을지 궁금해했고 그곳에서 도사리고 있는 위험은 어떤 것이 있고 그것을 피할 수 있는 방법은 무엇인지 지식을 습득하고 자손들에게 계승해왔다. 그것은 인류의 생존에 위협일 수 있었지만 바로 그런 위험을 감수했기 때문에 지금 지구 곳곳에 인류가 포진하게 된 것이다. 즉 우리의 유전자에는 호기심을 지식으로 전화시키면서 재미있거나 행복해 하는 보상 체계가 아로 새겨져 있는 것이다. 하지만 현실은 어떤가?

21세기가 얼마 지나지 않은 현재 우리는 가려움을 즉시 긁어줄 수 있는 인터넷에 둘러싸여 산다. 전철을 타보면 즉시 실감할 수 있는 일이다. 사람들은 즉자적이고 말초적인 만족감을 위해 기꺼이 시간을 투자하지만 인터넷을 통해 지식과 인식의 지평을 넓히려는 사람들은 그리 많지 못한 것이 현실이다. 사실 인터넷은 답을 정확하고 정교하게 배달해주는 기술이기는 하지만 내가 무엇을 알고 싶어 하는지 혹은 내가 무엇을 알고 있지 못하는지 알지 못한다. 인터넷이 제공하는 답에 익숙해지면서 문제가 되는 것은 질문이 사라지고 있다는 엄연한 사실이다. 여기서 질문은 2018년 월드컵의 최종 우승자가 누구냐는 그런 것이 아님은 익히 짐작할 수 있다. 결국 질문은 인간은 어디에서 왔고 어디로 갈지 혹은 인간 행동의 결과는 인간의 미래에 어떤 영향을 미칠지 하는 것들이다. 혹은 세포막의 기원은 어떤 것인가 하는 자연 혹은 생명에 관한 질문들이다. 그렇기에 방대한 양의 참고문헌과 함께 제공되는 인터넷 속의 세상은 호기심을 펼치기에는 꿈같은 세상이다. 우리는 학교에서 혹은 가정에서 혹은 지역 공동체 안에서 지적 호기심을 충족시키는 질문을 던지는 방법에 대해 심각하게 고민해야 한다. 《큐리어스》에서 제공하는 질문을 못하게 하는, 다시 말해 호기심을 억누르는 상황 네 가지를 살펴보자. 그리고 그 반대 방향에서 우리가 할 수 있는 일이 무엇인지 생각해보자. 첫째 이유는 어처구니없게도 '멍청해 보일까 봐'이다. 나는 이런 상황에 단련이 된 사람이기 때문에 "몰라서 묻는 질문인데요" 혹은 "멍청해 보일지도 모르지만(probably it is a silly question, but…)"로 시작되는 질문을 자주 던지는 편이다. 질문하는 것도 훈련이라는 생각이 드는 대목이다. 물론 이 순간 나는 진지한 답변을 기대한다. 하지만 나는 답변을 듣고 새로운 질문이 떠오르는 순간을 더 고대한다. 두 번째는 너무 바빠서다. 바로 행동으로 옮겨야 되는 상황에서 허용되는 질문은 마치 커피 전문점 종업원이 그러듯이 "이제는 뭘 해야 하죠?" 말고는 없을 것 아닌가? 이것과 상통하는 것 같지만 질문을 억누르는 문화도 한몫한다. 우리처럼 군대에서 상명하복의 세월을 보낸 사회에서는 간혹 질문이 금기가 된다. 다만 "예", "아니요"로 답변만 하면 된다. 넷째는 질문에 필요한 기술이 부족하다는 것인데 이 말은 뱀 머리가 꼬리를 물고 있는 상황처럼 보인다. 질문에 대한 답변이 부족하고 허용되지 않는 상황에서 질문하는 방법이 훈련될 까닭이 없기 때문이다.

수상자 130여 명 중 40명이 평균 5년 뒤 노벨상을 받았다고 알려진 울프상은 이스라엘 울프 재단에서 지원한다. 세미나 참석차 방한한 이 재단의 리앗 벤 데이비드(Liat Ben David) 대표는 질문하는 방법도 교육해야 한다고 말했다. 맞는 말이다. 그에 따르면 이스라엘 어린이들은 집에서도 질문하고 답하는 생활을 반복한다. 가령 하루 중 '가장 잘 한 일'과 그렇지 않은 일이 뭐냐는 질문을 받고 답한다고 한다. 실수에서 얻은 지식은 잘 잊히지 않고 오래 가기 때문에 이런 식의 '자기반성'은 중요성이 커질 수밖에 없다. 교실에서도 마찬가지다. 수업 중에 질문이 없다면 잘못 가르쳤다는 인식의 전환이 교사에게 요구된다고 리앗은 역설한다. 그러면서 은근히 자랑도 잊지 않았다. 가령 슈퍼마켓에서 아르바이트 하는 이스라엘 학생은 수박 값이 얼마냐는 질문에 수박 값뿐만 아니라 어제는 가격이 어쨌고 오늘은 얼마나 잘 팔리는지, 새 수박은 언제 들어오는지 한꺼번에 설명한다고 너스레를 떨었다. 하지만 속으로 부러운 감정이 드는 것은 사실이다. 나도 우리 젊은 학생들 못지않게 하나의 고정된 정답을 맞히고 그 개수에 따라 순위를 매기는 교육 체계에서 잔뼈가 굵은 사람이다. 아마 나처럼 오랜 시간을 미국의 연구 현장에서 일했던 사람이 많지는 않을 것이기에 내가 다소 특수한 환경에서 훈련되었음을 실감한다. 그렇기에 질문을 제대로 하는 방식에 대한 답을 내놓기 전에 왜 질문을 못하게 되었는지 진단이 필요한 것이다. 지금까지 살펴본 것들이다. 그러므로 처방은 우리 사회 전반에서 동시에 이루어져야 한다는 점은 너무 명확하다. 그리고 가르치는 자리에 있는 사람들에게 더욱 커다란 책임이 있다는 것도 거의 확실해 보인다.

그렇다. 무대에 자리 잡은 악공의 소리가 멀리 퍼지는 것은 잘 알겠다. 하지만 이제 우리는 언제든 소리란 듣는 귀들이 이뤄내는* 어떤 것이라는 패러다임의 전환이 전 사회적으로 필요한 시점에 다다랐다. 우리는 소리를 듣고 저마다 말words을 일궈내는 이 사회의 한 구성원이 되어야 한다.

* 박상륭의 《칠조어론》에 등장하는 말이다. 가령 가야금을 튕겨 소리를 만들어내는 장공匠公을 소설가에 빗댄다면 주머니를 털어 저 책을 사 읽은 나는 소리를 일궈내는 귀 하나에 해당할 것이다.

참고문헌

- A. Hoffer. The discovery of Vitamin C. J Orthomolecular Medicine, (1989), 4:24-26.
- A. Matthew Gottlieb. Karl Landsteinder, the melancholy genius: his time and his colleagues, 1868-1943. Transfusion Medicine Review (1998), 12:18-27.
- Albert Szent-Gyorgyi. Looking back. Perspectives in Biology and Medicine. Autumn, 1971, 1-5.
- Albert Szent-Gyorgyi. Lost in the twentieth century. Ann Rev Biochem (1963), 32:1-15.
- Albert Szent-Gyorgyi.: the art in being wrong. Hospital Practice (1982), 17:179-192.
- Anna Karnkowska et al. A eukaryote without a mitochondrial organelle. Curr Biol (2016), 26:1-11.
- B. S. Platt. Sir Edward Mellanby (1884-1955): The man, research worker and statesman. The Excitement and Fascination of Science (1965), 1:1-28.
- Carole Santi et al. Biological nitrogen fixation in non-legume plants. Ann Bot

(2013), 111:743–767.

- Charles A. Long. Evolution of function and form in camelid erythrocytes. Proceedings of the 2007 WSEAS Int. Conference on Cellular & Molecular Biology - Biophysics & Bioengineering, Athens, Greece, August 26-28, 2007, 18-24.

- Chester A. et al. The phylogenetic odyssey of the erythrocyte. III. Fish, the lower vertebrate experience. Histol Histopath (1992) 7:501-528.

- Dean Burk. The free energy of glycogen-lactic acid breakdown in muscle. Proceedings of the Royal Society of London. Series B (1929), 104:153-170.

- Edith Smith and F. Dudley Hart. William Murrell, Physician and practical therapist. British Medical Journal (1971), 3:632-633.

- F. Bruno Straub. The charismatic teacher at Szeged: Albert Szent-Gyorgyi. Acta Biochim Biophys Hung. (1987), 22:135-139.

- F. Garofalo et al. The Antarctic hemoglobinless icefish, fifty five years later: A unique cardiocirculatory interplay of disaptation and phenotypic plasticity. Comparative Biochemistry and Physiology, Part A (2009), 154:10-28.

- Ferenc Nagy. NOBEL LAUREATES OF HUNGARIAN ORIGIN. (2000). http://mfa.gov.hu

- George Wolf. The discovery of vitamin D: the contribution of Adolf Windaus. J. Nutr. (2004), 134:1299–1302.

- Giuseppe Lippi and Massimo Franchini. Vitamin K in neonates: facts and myths. Blood Transfus (2011), 9:4-9.

- Hans Adolf Krebs. 93. The citric acid cycle and the Szent-Gyorgyi cycle in pigeon breast muscle. Biochem J. (1940), 34):775–779.

- Henrik Dam and Johannes Glavind. LXIII. VITAMIN K IN THE PLANT. Biochem J (1936), 30:897–901.

- Henrik Dam. The discovery of vitamin K, its biological functions and therapeutical application. Nobel Lecture, December 12, 1946.

- Hernan G. Garcia et al. Thermodynamics of biological processes. Methods Enzymol (2011), 492:27-59.
- Hilbert M and Lopez P (2011). The world's technological capacity to store, communicate and compute information. Science, 332, 60-65.
- Historical Review: karl Landsteiner and his major contributions to Haematology. British J Haematol (2003), 121:556-565.
- J.D. Palmer et al. Chlorroplast DNA evolution and the origin of amphidiploid Brassica species. Theor Appl Genet (1983), 65:181-189.
- Jeff J. Doyle and Melissa A Luckow. The rest of the Iceberg. Legume diversity and evolution in a phylogenetic context. Plant Physiol (2003), 131:900-910.
- Joel Kirschbaum. Biological oxidations and energy conservation. J Chem Edu (1968), 45:28-37.
- John S. Torday and V.K. Rehan. Cell-cell signaling drives the evolution of complex traits introduction-lung evo-devo. Integrative and Comparative Biology (2009), 49:142–154.
- Joseph L. Goldstein. On the origin and prevention of PAIDS (paralyzed academic investigator's disease syndrome). J Clin Invest (1986), 78:848-854.
- K.C. De Berg. The concepts of heat and temperature: the problem of determining the content for the construction of an historical case study which is sensitive to nature of science issue and teaching-learning issues. Science and Education (2008), 17:75-114.
- Katherine E. Helliwell et al. Insights into the evolution of Vitamin B12 auxotrophy from sequenced algal genomes. Mol Eiol Evol (2011), 28:2921-2933.
- Ken P. Aplin et al. Multiple geographic origins of commensalism and complex dispersal history of black rats. PLoS One (2011), e26357.

- Kensal E. van Holde et al. Hemocyanins and invertebrate evolution. J Biol Chem (2001), 276:15563-15566.
- Larissa A. Pohorecky and Richard J. Wurtman. Adrenocortical control of epinephrine synthesis. Pharmacological Reviews (1971), 23:1-35.
- Latorre-Pellicer A et al. Mitochondrial and nuclear DNA matching shapes metabolism and healthy aging. Nature (2016), 535:561-565.
- Laure Segurel et al. Ancestry runs deeper than blood: the evolutionary history of ABO points to cryptic variation of functional importance. Bioessays (2013), 35:862-867.
- Marcel Klaassen and Bart A. Nolet. Stoichiometry of endothermy: shifting the quest from nitrogen to caarbon. Ecology Lett (2008), 11:785-792.
- Mathew J. Wedel. A monument of inefficiency: the presumed course of the recurrent laryngeal nerve in sauropod dinosaurs. Acta Palaeontologica Polonica. (2012), 57:251-256.
- Mike Sutton. A nutritional revolution. Chemistry World, December 2011. 56-59.
- Nada Khalifat et al. Membrane deformation under local pH gradient: mimicking mitochondrial cristae dynamics. Biophysical J (2008), 95:4924-4933.
- Noria al-Muhammadiyya. Historic mechanical engineering landmark. The American Society of Mechanical Engineers, December, 2006.
- Paolo Manzotti et al. Vitamin K in Plants. Functional Plant Sci Biotech (2008), 2, 29-35.
- R.F. Doolittle. Step-by-step evolution of vertebrate blood coagulation. Cold Spring Harbor Symposia on Quantitative Biology, Volume LXXIV. (2009). 978-087969870-6.
- Randolph M. Nesse and Elizabeth A Young. Evolutionary origins and functions of the stress response. Encyclopedia of Stress, 2000, Academic Press.

- Ray Owen. Karl Landsteiner and the first human marker locus. Genetics (2000), 155:995-998.
- Ronald Newburgh, Harvey S. Leff. The Mayer-Joule principle: the foundation of the first law of thermodynamics. The Physics Teacher, (2011), 49:484-487.
- Rosario Gil et al. Evolution of prokaryote-animal symbiosis from a genomics prospective. Microbiology Monographs (2010), 19:208-233.
- Russell F. Doolittle. Coagulation in vertebrates with a focus on evolution and inflammation. J Innate Immun (2011), 3:9-16.
- S. Sri Kantha. Is Karl Landsteiner the Einstein of the biomedical sciences? Medical Hypotheses (1995), 44:254-256.
- Seymour S. Cohen. Thoughts on the later career of Albert Szent-Gyorgyi. Acta Biochim Biophys Hung. (1987), 22:141-148.
- Stephen W. Porges. Emotion: An evolutionary by-product of the neural regulatio of the autonomic nervous system. Ann NY Acad Sci (1997), 807:62-77.
- Steven Greenberg. A concise history of immunology. http://www.columbia.edu/itc/hs/medical/pathophys/immunology/readings/ConciseHistoryImmunology.pdf
- Teresa Rocha-Homem. Robert Mayer: Conservation of energy and venous blood colour. Advances in Historical Studies (2015), 4:309-313.
- Vincent P. Gutschick. Evolved strategies in nitrogen acquisition by plants. The American Naturalist (1981), 118:607-637.
- Yong Jiang and Russell F. Doolittle. The evolution of vertebrate blood coagulation as viewed from a comparison of puffer fish and sea squirt genomes. Proc Natl Acad Sci (2003), 100:7527–7532.
- 윤희상. 비타민과 무기질의 새로운 영양학적 의미. Korean Journal of Pediatrics, (2005), 48:1295-1309.
- 이상동. 헝가리 교육제도의 역사적 고찰: 10세기부터 현재까지. 통합유럽연구 7호 (2013).

참고한 책들

≪과학사회학 1, 2≫, 로버트 머튼, 민음사

≪지식사회사 1, 2≫, 피터 버크, 민음사

≪큐리어스≫, 이언 레슬리, 을유문화사

≪틀리지 않는 법: 수학적 사고의 힘≫, 조던 엘렌버그, 열린책들

≪나는 왜 쓰는가≫, 조지 오웰, 한겨레출판

≪미토콘드리아≫, 닉 레인, 뿌리와 이파리

≪산소≫, 닉 레인, 뿌리와 이파리

≪생명의 도약: 진화의 10대 발명≫, 닉 레인, 글항아리

≪먹고 사는 것의 생물학≫, 김홍표, 궁리

≪산소와 그 경쟁자들≫, 김홍표, 지식을만드는지식